E. VARENNE

L'ALCOOL

DÉNATURÉ

GAUTHIER-VILLARS

MASSON ET Cie

ENCYCLOPÉDIE SCIENTIFIQUE DES AIDE-MÉMOIRE

COLLABORATEURS

Section de l'Ingénieur

MM.

Alheilig.
Alquier.
Ariès (Col.).
Armengaud jeune.
Astruc (J.)
Barillot.
Bassot (G¹).
Baume-Pluvinel (de la).
Bérard (A.).
Berthelot (M.).
Bertin.
Billy (Ed. de).
Bloch (Fr.).
Blondel.
Boire (Em.).
Bordet.
Bornecque.
Bourlet.
Boussac (A.).
Boursault (H.).
Brunswick (E.).
Candlot.
Caspari.
Charpy (G.).
Clerc (L.-P.).
Clugnet.
Croneau.
Damour.
Dariès.
Defays (J.).
Defforges (Col.).
Delafond.
Dibos (M.).
Drzewiecki.
Dudebout.
Dufour (A.).
Dumont (G.).
Duquesnay.
Durin.
Dwelshauvers-Dery.
Equevilley (R. d').
Fabre (Ch.).
Fabry.
Fourment.
Fribourg (Col.).
Frouin.
Gages (Cap.).
Garnier.
Gassaud.
Gastine.
Gautier (Henri).
Gay (A.).

MM.

Godard.
Gossot (Col.).
Gouilly.
Gouré de Villemontée.
Grouvelle (Jules).
Guenez.
Guichard (P.).
Guillaume (Ch.-Ed.).
Guillet (L.).
Guye (C.-Eug.).
Guye (Ph.-A.).
Guyon (Comm¹).
Haller (A.).
Halphen (G.).
Hatt.
Hébert.
Hennebert (Col.).
Henriet.
Hérisson.
Hospitalier (E.).
Hubert (H.).
Hubou (E.).
Hutin.
Jacométy.
Jacquet (Louis).
Jaubert.
Jean (Ferdinand).
Labbé (H.).
Launay (de).
Laurent (H.).
Laurent (P.).
Laurent (Th.).
Lavergne (Gérard).
Léauté (H.).
Le Chatelier (H.).
Lecomte.
Lecornu.
Lefèvre (J.).
Leloutre.
Lenicque.
Letheule (P.).
Le Verrier.
Lindet (L.).
Lippmann (G.).
Loppé.
Lumière (A.).
Lumière (L.).
Madamet (A.).
Magnier de la Source.
Marchena (de).
Meyer (Ernest).
Michel-Lévy.

MM.

Minel (P.).
Minet (Ad.).
Miron.
Moëssard (C¹).
Moissan.
Monnier.
Moreau (Aug.).
Morel (A.).
Muller (Ph. T.).
Niewenglowski (G. H.).
Naudin (Laurent).
Ocagne (d').
Otto (M.).
Ouvrard.
Paloque.
Périssé (L.).
Perrin.
Perrotin.
Persoz (J.).
Picou (R.-V.).
Pittet (H.).
Poulet (J.).
Pozzi-Escot.
Prud'homme.
Rabaté (E.).
Rateau.
Resal (J.).
Rigaud.
Rocques (X.).
Rocques-Desvallées
Rouché.
Sarrau.
Sartiaux (E.).
Sauvage.
Seguela.
Sidersky.
Seyrig (T.).
Simart.
Sinigaglia.
Sorel (E.),
Thomas (V.).
Tissier (Louis).
Trillat.
Urbain.
Vallier (Comm¹).
Vanutberghe.
Vermand.
Viaris (de).
Vigneron (Eug.)
Vivet (L.)
Wallon (E.).
Widmann.
Witz (Aimé).

ENCYCLOPÉDIE SCIENTIFIQUE

DES

AIDE-MÉMOIRE

PUBLIÉE

SOUS LA DIRECTION DE M. LÉAUTÉ, MEMBRE DE L'INSTITUT

ENCYCLOPÉDIE SCIENTIFIQUE DES AIDE-MÉMOIRE

PUBLIÉE SOUS LA DIRECTION

DE M. LÉAUTÉ, MEMBRE DE L'INSTITUT.

L'ALCOOL DÉNATURÉ

PAR

E. VARENNE

Docteur de l'Université de Paris,
Membre de la Commission extra-parlementaire de l'Alcool,
Ancien Distillateur

PARIS

GAUTHIER-VILLARS, | MASSON et Cⁱᵉ, ÉDITEURS,
IMPRIMEUR-ÉDITEUR | LIBRAIRES DE L'ACADÉMIE DE MÉDECINE
Quai des Grands-Augustins, 55 | Boulevard Saint-Germain, 120
(Tous droits réservés)

1906

L'ALCOOL DÉNATURÉ

CHAPITRE PREMIER

—

HISTORIQUE (¹)

La première loi qui concerne l'alcool dénaturé remonte à 1814 (8 décembre). Elle est donc déjà presque séculaire, bien que l'alcool d'industrie soit beaucoup plus récent.

Cette première loi qui codifiait l'ensemble des dispositions antérieures sur le régime des boissons affranchissait formellement de l'impôt les alcools destinés aux usages industriels ; exactement, « les eaux-de-vie ou esprits employés par les fabricants ou manufacturiers dans leurs établissements, à charge par eux de les *dénaturer* en présence des employés, de manière

---

(¹) Consulter à ce sujet l'excellent article intitulé : *Dénaturation des alcools éthylique et méthylique.* Diction. gén. des Contrib. Indir., 5º édit. P. Oudin, éditeur à Poitiers.

qu'ils ne puissent être livrés à la consommation ».

Toutefois, deux ans après, la loi du 28 avril 1816 comportait cet article : « Les eaux-de-vie ou esprits altérés par un mélange quelconque seront soumis aux mêmes droits que les eaux-de-vie ou esprits purs ».

Mais une circulaire du 29 novembre 1816 confirmait à nouveau la franchise pour les alcools employés par les « fabricants de vinaigre, eaux de senteur, vernis, parfums, éthers et autres produits de pharmacie et de parfumerie ». Et cette circulaire était ensuite appuyée par une décision du 12 décembre 1826 qui réglait en même temps le mode de dénaturation.

Mais bientôt des abus et des fraudes obligèrent l'administration à reviser l'état des choses. En 1833, l'Administration, se basant sur la loi de 1816, demanda la suppression de la dénaturation en franchise. Une circulaire du 16 novembre 1833 déclara que le mélange de l'alcool avec l'essence de térébenthine (dénaturant de l'époque) ne présentait pas assez de garanties contre la revivification ; les essences de citron, de portugal, de bergamotte jusqu'alors acceptées par les parfumeurs étaient également rejetées comme dénaturants. Et comme, à cette époque, les droits généraux venaient d'être abaissés de 55 francs à 37^{fr},40 par hectolitre, l'Administration ajoutait que la plupart des produits à base d'alcool étant des articles de luxe, ou tout au moins d'un prix élevé, ils pouvaient supporter la plénitude des droits généraux. Et cette conclusion était, en effet, assez acceptable alors que le montant des droits était modeste surtout par rapport à la valeur de l'alcool (environ la moitié), tandis qu'aujourd'hui les droits sur l'alcool, à Paris par exemple, représentent environ *dix fois* la valeur de l'alcool ! (droits pour Paris $= 415$ par hecto à 100° ; valeur moyenne de l'alcool $= 40$ francs).

Naturellement, dès 1833, le commerce protesta contre l'Administration, mais plusieurs arrêts de la Cour de Cassation vinrent consolider les prétentions de l'Administration (arrêts des 15 août 1836, 25 juin 1837, 7 août 1840).

La Chambre des députés fut alors saisie de la question. Une commission fut nommée pour l'étudier, et son rapporteur, M. Viger, déclarait que « les objections formulées par l'Administration dans la décision de 1833, n'étaient pas de nature à s'opposer à l'exemption demandée ». De son côté, le comte Daru, dans son rapport à la Chambre des Pairs, déclarait que s'il était peu probable que la propriété viticole (¹) obtienne de l'éclairage par la combustion de l'alcool carburé tous les avantages qu'elle en espère, en revanche, la mesure nouvelle serait certainement profitable à l'économie domestique et à divers genres d'industrie.

C'est alors que fut promulguée la loi du 24 juillet 1843. Elle posait en principe que les eaux-de-vie et esprits dénaturés de manière à ne pouvoir être employés comme boissons seraient affranchis de tous droits d'entrée, de consommation ou de détail, mais qu'*une taxe spéciale* serait perçue, à titre de droit de dénaturation sur l'alcool dénaturé. Ce dernier point est à retenir, car M. Tesnière déclarait, dans son rapport à la Chambre (29 juin 1841), que ce droit n'était établi que comme garantie contre la fraude « d'où, la conséquence que, lorsque la fraude sera démontrée impossible, le droit facultatif devra disparaître ».

(¹) Il ne faut pas oublier qu'à cette date, on ne connaissait que l'alcool de vin et que l'alcool d'industrie semblait invraisemblable. M. Tesnière disait dans son rapport du 23 juin 1845 : « *Quant à la betterave, qui ne sait qu'elle ne sera jamais cultivée pour faire de l'alcool !* » Que de changements depuis la déclaration de M. Tesnière !!!

L'ordonnance du 14 juin 1844 précisa les détails. Elle établissait que la *dénaturation* devrait s'effectuer en ajoutant à l'alcool des essences de goudron de bois ou de houille, des huiles de schiste ou de naphte, ou substances analogues. Le *tarif* pouvait varier de 12 francs à 28^{fr},80 par hecto ; il était basé, non sans raison, sur la proportion des substances dénaturantes ajoutées à l'alcool $\left(\text{de } \frac{2}{10} \text{ à } \frac{5}{10} \text{ du volume total}\right)$. Et ce principe était et serait encore excellent : plus la garantie donnée par le dénaturant est grande, plus la taxe de dénaturation est faible.

Toujours est-il que ce fut une ordonnance du 29 août 1845 qui vint régir la question. Elle modifiait, en les réduisant d'ailleurs, les tarifs de l'ordonnance de 1844.

Il nous faut maintenant passer de 1845 à 1872. Pendant cette période, l'alcool industriel faisait son apparition et prenait du premier coup une place au moins égale à celle de son aîné l'alcool de vin. Cette importante modification économique impliquait naturellement des modifications fiscales. Et tandis que les droits de consommation augmentaient, les cours de l'alcool baissaient par suite de l'abondance nouvelle de sa production ; la prime à la fraude augmentait donc avec l'élévation des droits.

La loi du 2 août 1872 fut votée pour éviter ce danger. Elle établissait (art. 4) que les alcools dénaturés *de manière à ne pouvoir être consommés comme boissons*, seraient soumis en tous lieux à une taxe de dénaturation fixée à 3o francs en principal, soit $37^{fr},5o$ avec les décimes et que le droit d'octroi, lorsqu'il serait perçu, ne pourrait excéder le quart du droit du Trésor, en principal, soit $7^{fr},5o$. De plus, par son article 5, cette loi avait le bon esprit de charger le Comité consultatif des Arts et Manufactures d'établir, pour chaque industrie, les conditions suivant lesquelles la dénaturation devrait être opérée en présence des employés de la Régie (voir rapport Wilson, 22 juillet 1872).

A ce moment, le Comité consultatif des Arts et Manufactures déclara que le procédé général de dénaturation consisterait dans l'emploi du *méthylène* dans la proportion de $\frac{1}{9}$ ou $\frac{1}{5}$, suivant les cas. Ce méthylène, produit impur de la distillation du bois, devait, pour être accepté par la Régie, contenir 65 % d'alcool méthylique *au maximum*, et 35 % d'impuretés diverses, mais parmi lesquelles l'acétone devait entrer pour au moins 20 à 25 %. Toutefois, pour certaines industries, le méthylène n'était pas obligatoire et

le Comité avait déterminé certaines formules
spéciales à chacune d'elles.

Par suite de quelques abus et des modifications
croissantes des industries survint la loi du 21
mars 1874 qui fut ensuite l'objet du règlement
du 29 janvier 1881, règlement rendu en exécu-
tion de cette loi. Leur but était d'éviter la *circulation* de l'alcool dénaturé : l'alcool devait
être utilisé et transformé en produit manufac-
turé *aussitôt* après sa dénaturation. C'était évidemment inapplicable pour les alcools destinés
au chauffage et à l'éclairage. Aussi le règlement
élevait-il, dans ce dernier cas, la dose de méthy-
lène à $\frac{1}{5}$ au lieu de $\frac{1}{9}$ et *limitait les livraisons*
qui pouvaient être faites chaque jour à un même
destinataire.

Malgré ces précautions, la fraude augmentait
chaque jour, avec l'élévation croissante des
droits. D'autre part, l'industrie livrait du méthylène et de l'acétone de plus en plus purs, ce
qui diminuait d'autant les garanties de la dénaturation.

Aussi, en 1893, l'Administration crut-elle
devoir prendre de nouvelles précautions et
soumit de nouveau la question au Comité des
Arts et Manufactures.

Il fut alors décidé que les *alcools destinés à la dénaturation* ne pourraient contenir que de l'alcool éthylique, de l'eau et la proportion d'huiles essentielles (alcools supérieurs, etc.) que renferment normalement les alcools d'industrie, avec un maximum de 1 $^0/_0$; ils devraient marquer 90° à l'alcoomètre à la température de 15° sans correction. (Toutefois certaines industries étaient admises à employer de l'alcool à un degré supérieur). Les *méthylènes* devaient titrer 90° à la température de 15° sans correction et contenir 60 $^0/_0$ d'*alcool méthylique*; 25 $^0/_0$ d'*acétone* (tolérance de 0,5 $^0/_0$ en plus ou en moins) et au moins 2,5 $^0/_0$ d'*impuretés pyrogénées*, déduction faite des produits saponifiables par la soude. La dénaturation s'effectuait en ajoutant à 100 litres d'alcool à 90°, 15 litres de méthylène; en général, on ajoutait aussi 0^l,50 de benzine lourde et 1 gramme de vert malachite. Dans certains cas, ces deux derniers corps pouvaient être supprimés et remplacés par de la résine ou des gommes résine (industrie des vernis). Des échantillons de l'alcool dénaturé étaient prélevés et analysés suivant des méthodes imposées aussi bien à l'administration qu'aux industriels. Ce dernier point entraînait des frais de contrôle et une loi du

16 avril 1895 imposa aux dénaturateurs un droit de $0^f,80$ par hectolitre d'alcool pur soumis à la dénaturation.

Cependant l'industrie de l'alcool dénaturé en France restait stationnaire, ou à peu près, tandis qu'elle progressait considérablement dans les les pays voisins, surtout en Allemagne. Aussi un décret du 23 janvier 1896 institua au Ministère des Finances une Commission technique chargée d'étudier les procédés de dénaturation les moins coûteux en même temps que les plus efficaces. Cette Commission reconnut qu'une dose de 10 $^0/_0$ de méthylène au lieu de 15 $^0/_0$ suffisait grandement à sauvegarder les intérêts du fisc. Cette mesure fut appliquée le 8 septembre 1897. Peu après, un autre progrès sérieux était accompli. La loi du 16 décembre 1897 (art. 1er) abaissait le droit de $37^{fr},50$ à 3 francs.

Mais, en même temps et pour éviter la fraude que ces avantages pouvaient provoquer, cette loi établissait que les opérations de dénaturation devaient être effectuées sous les yeux des agents du service et dans des locaux spéciaux dont l'installation aurait été préalablement acceptée par la Régie. Les dénaturateurs et commerçants devaient se munir d'une autorisation personnelle et *révocable* en cas d'abus ; ils devaient inscrire leurs opérations, leurs réceptions et livraisons, sur un registre spécial constamment tenu à la disposition des employés de la Régie.

Ce règlement du 1er juin 1898 fut attaqué aussitôt qu'appliqué et, à la séance de la Chambre du 27 novembre 1899, la Commission du Gouvernement déclara que l'Administration apporterait toutes les mesures de conciliation possibles pour le développement du commerce de l'alcool dénaturé.

En effet, par une série de circulaires, l'Administration s'efforçait de supprimer toutes difficultés ; tout d'abord, les formalités imposées à l'acheteur furent reportées sur le fournisseur (d'après l'avis de la Commission parlementaire de l'agriculture) ; le registre de livraison imposé aux détaillants fut supprimé ; les détaillants furent autorisés à mettre eux-mêmes en bouteilles les alcools dénaturés reçus en fûts ou en bidons et à employer pour la vente un récipient dont la capacité pouvait atteindre 50 litres. D'autre part, les marchands en gros et débitants purent expédier et recevoir l'alcool dénaturé dans des fûts ou bidons non plombés ou capsulés, de plus, comme les quantités de marchandise étaient limitées tant pour l'expédition que pour la réception (décret de 1898), l'Administration étendit les limites de manière que les fortes quantités pussent profiter des tarifs réduits accordés par les Compagnies de transport. Enfin, peu après, il fut accordé aux particuliers qui emploient beaucoup d'alcool dénaturé de se fournir directement chez les marchands en gros ou les dénaturateurs jusqu'à concurrence du chiffre de 250 litres par jour, quantité évidemment très suffisante pour répondre à tous les besoins d'un particulier. Quant aux automobiles, on accorda à leurs propriétaires la suppression de la formalité de l'expédition pour les quantités d'alcool dénaturé emportées par les voitures pour produire leur force motrice. Les *alcools carburés* furent aussi l'objet d'une mesure de faveur pour leur circulation, leur détention et leur vente; en même temps, l'Administration autorisait l'emploi de flegmes ou alcool titrant plus de 90°. Dans un autre ordre d'idées, l'Administration provoquait une décision de principe du Comité consultatif des Arts et Manufactures et favorisait enfin les industries chimiques et pharmaceutiques en autorisant l'emploi d'*alcool nature* avec application de la taxe réduite. Sous la réserve, bien entendu, que l'alcool subirait aussitôt un mélange ou traitement qui le rendrait impropre, au moins temporairement, à la consommation, que le mode de travail offrirait des garanties suffisantes contre la fraude, et que les frais du personnel causés par la surveillance fiscale seraient à la charge de l'industriel.

Ces mesures assez larges décuplèrent rapidement l'emploi de l'alcool dénaturé. Toutefois elles étaient encore insuffisantes. Le 2 février 1900, M. Dansette, député du Nord, disait à la Chambre : « Si les obstacles administratifs qui s'opposent à cette utilisation de l'alcool étaient enfin supprimés, nous verrions s'augmenter dans des proportions considérables la consommation de l'alcool et, par voie de conséquence, sur le sol français, la culture de tous les produits alcoogènes. » Peu après, le 12 mars, M. Plichon déclarait à la Chambre que l'alcool était bien près de concurrencer le pétrole et qu'il suffisait pour cela de gagner seulement $0^{fr},07$ par litre, ce qui pouvait s'obtenir par la réduction des charges fiscales et le coût de la dénaturation. Un progrès fut accompli dans ce sens. L'article 15 de la loi du 29 décembre 1900 dégrevait les alcools dénaturés en vue des usages industriels ; et le *droit* de 3 francs fut supprimé ; on le remplaçait par une *taxe de statistique* de o^{fr},25 par hectolitre d'alcool pur. Cette décision entraîna par contre-coup la suppression totale des droits d'octroi sur l'alcool dénaturé et sur les divers éléments qui le constituent (Loi du 31 mars 1903 ; art. 28). D'autre part, le *vert malachite*, d'ailleurs plus nuisible qu'utile, était supprimé par décision ministérielle du 12 novembre 1900.

Entre temps, M. Georges Graux, député, au nom de la Commission parlementaire de l'agriculture, avait établi un rapport sur les *dénaturants* divers (Rapport n° 856, du 25 mars 1899).

L'histoire des *dénaturants* s'établit en 1872, époque à laquelle le Comité consultatif des Arts et Manufactures adopta le *méthylène*. Malgré ses défauts, ce dénaturant a encore été consacré par la récente Commission extra-parlementaire de l'alcool (1903-1906). En effet, dit M. Sébastien : « Le méthylène type régie est composé d'acétone, d'impuretés pyrogénées et d'alcool méthylique. Chacun de ces produits joue un rôle distinct dans la dénaturation. *L'acétone* sert surtout à faciliter les travaux de laboratoire quand l'alcool dénaturé est soumis à l'analyse ; les *impuretés* constituent à proprement parler le dénaturant, à cause de leur odeur infectante qu'elles communiquent à l'alcool ; enfin, *l'alcool méthylique* est le témoin de la dénaturation ; difficile à isoler, sa présence dans l'alcool éthylique, décelée par l'analyse, fournit le « corpus delicti » de la fraude, c'est-à-dire la preuve que cet alcool a été dénaturé et régénéré » (¹).

Mais la dénaturation au méthylène est assez coûteuse et après avoir abaissé la dose de de 15 à 10 $^0/_0$, la Commission technique de 1896 fut chargée de rechercher si, tout en sauvegardant les intérêts du Trésor, on pouvait trouver et appliquer d'autres procédés de dénaturation que le méthylène. On essaya de remplacer ce dernier par l'éthylméthylcétone préconisée par M. Buisine, mais M. Bardy démontra que ce produit, comme tous les corps acétoniques, était susceptible d'être détruit ou séparé par différents réactifs. Une dose de 10 $^0/_0$ de méthylène fut donc maintenue comme étant encore la meilleure garantie contre la fraude.

La question du dénaturant est donc capitale avec celle du prix de revient de l'alcool. Aussi,

---

(¹) Cette conclusion comporte une sérieuse réserve. Car il existe *naturellement* de l'alcool méthylique dans certains sucs végétaux fermentés. Ce fait a été établi par plusieurs auteurs. M. Wolf, entre autres, en a trouvé jusqu'à DEUX POUR CENT !

M. Guillain, député, dans son rapport supplémentaire sur le budget de 1901, déclarait : « Au lieu d'inscrire dans la loi une fixation maximum pour le coût du dénaturant, ce qui pratiquement n'eût guère été réalisable, on s'est attaché à rechercher une combinaison qui permette de tenir compte aux dénaturateurs, non pas de la totalité des frais de dénaturation, mais bien de la portion de ces frais qui constitue pour eux une dépense réelle. Pour dénaturer un hectolitre d'alcool pur, on y ajoute 10 litres de méthylène valant en moyenne 11 francs et un demi-litre de benzine lourde valant en moyenne 0^{fr},25.

On a ainsi :

10 litres ¹/₂ de dénaturant coûtant en moyenne	11^{fr},25
qui prennent la place de 10 litres ¹/₂ d'alcool à 0^{fr},30 (au moins), valant.	3, 15
	8^{fr},10
La dépense nette résultant du dénaturant est ainsi, par hectolitre, de	8, 10
Mais il y a lieu d'y ajouter la nouvelle taxe de fabrication qui va grever l'hectolitre d'alcool pur présenté à la dénaturation, soit. . . .	0, 80
Si l'on rembourse aux dénaturateurs une somme totale de.	8^{fr},90

ou, en chiffres ronds, de 9 francs par hectolitre d'alcool pur soumis à la dénaturation, ces industriels seront à peu près couverts des frais occasionnés par l'opération, puisqu'il ne restera plus à leur charge que les frais de main-d'œuvre et autres frais accessoires.

Il a toujours été bien entendu qu'on ne pouvait songer à faire supporter par le Trésor, c'est-à-dire par la masse des contribuables, la dépense qui en résultera; mais il a paru légitime d'en réclamer la compensation aux producteurs d'alcool d'industrie qui seront les premiers à profiter des débouchés nouveaux ainsi offerts à leurs produits.

Étant donné que la production de l'alcool industriel est, en moyenne, de 2 300 000 hectolitres et que l'importance des quantités devant donner lieu à remboursement (qui n'est actuellement que de 140 000 hectolitres) peut devenir prochainement égal à 200 000 hectolitres, le taux de la taxe compensatrice à imposer peut être fixé à $0^f,80$ par hectolitre :

$$\frac{200\,000 \times 9}{2\,300\,000} = 0{,}782.$$

Mais ce n'est là, évidemment, qu'une évaluation approximative susceptible de varier suivant le développement des usages de l'alcool dénaturé, la nature des substances employées à la dénaturation et leur prix.

Afin de maintenir les recettes en rapport avec les dépenses, le gouvernement propose l'adaptation des mesures analogues à celles contenues dans l'art. 12 de la loi du 7 avril 1897 pour le service des primes d'exportation et détaxes de distance allouées en matières de sucre ».

Cette proposition de M. Guillain prit place dans l'article 59 de la loi des finances du 21 février 1901. Elle fut modifiée par la loi du 30 mars 1902 sur deux points : cette dernière loi étendait le bénéfice de l'allocation de 9 francs à tous les alcools dénaturés par le méthylène ; elle dispensait du paiement de la taxe compensatrice les producteurs de rhums, tafias et genièvres, cherchant à limiter ainsi — avec une appréciation d'ailleurs discutable — l'application de cette dite taxe à ceux des producteurs qui ont intérêt à fournir le plus d'alcool possible à la dénaturation.

En résumé, fait remarquer M. Sébastien : les préparations d'alcools dénaturés suivant la formule générale, reçoivent une indemnité de 9 francs par hectolitre d'alcool pur, et la somme représentative de cette dépense est fournie par les producteurs d'alcool d'industrie sous la forme d'une taxe de fabrication, dont le taux est variable tous les ans.

Ainsi, l'Administration des Finances a fait d'importants efforts pour que non seulement les dénaturateurs récupèrent leurs frais de dénaturation, mais aussi qu'ils ne supportent pas les charges fiscales dont l'ensemble aurait pesé sur les alcools dénaturés.

On pouvait donc admettre que, dans ces conditions favorables, l'alcool dénaturé allait prendre un développement considérable. Malheureusement il n'en a rien été et comme le dit fort bien M. Sébastien : « La question des alcools dénaturés paraît être une de celles qui renaissent sans cesse ».

Elle vient d'être à nouveau l'objet d'une étude sérieuse de la 2ᵉ sous-commission de la Commission extra-parlementaire de l'Alcool, instituée par décret du 31 octobre 1902 et dont les travaux ont été terminés seulement en 1906. Nous y reviendrons.

CHAPITRE II

—

COMPOSITION DE L'ALCOOL DÉNATURÉ

Étude de ses éléments : alcool éthylique, alcool méthylique ; acétone ; benzine lourde ; toluène ; essence de térébenthine ; résines.

La *composition de l'alcool dénaturé* est toujours basée, comme en 1873, sur l'emploi du *méthylène* (¹).

En nous reportant au rapport général de la commission extra-parlementaire de l'alcool, (p. 208), nous voyons que le dénaturant est ainsi composé :

60 % d'alcool méthylique réel ;
25 % d'acétone ;
2,5 % de produits pyrogénés, ou impuretés méthyléniques non saponifiables qui accompagnent l'alcool méthylique brut dans la distillation du bois ;
12,5 % d'eau ou de matières indéterminées.

(¹) Le terme *méthylène* n'est nullement scientifique ; on peut dire qu'ici il est purement administratif et le vrai terme doit être : *méthylène-régie.*

Tel est le *méthylène-régie* 1906.

Ce dénaturant (méthylène-régie) est employé ainsi : on en ajoute 10 litres à 100 litres d'alcool éthylique à 90 degrés ;

Puis, à ce premier mélange, on rajoute $0^l,5$, soit 500 centimètres cubes par 100 litres d'alcool à 90 degrés, de *benzine lourde*.

Cette dernière addition a pour but de « donner aux agents, par la dégustation, par l'odeur et le louchissement de l'eau, des moyens d'investigation simples pouvant dispenser le plus souvent d'analyses ».

Il est bien entendu que tout alcool présenté à la dénaturation doit titrer *au moins* 90 degrés. (Comité consultatif des Arts et Manufactures, 13 décembre 1899. Décision du Ministre des Finances du 30 décembre 1899).

Voyons maintenant chacun des éléments constituant l'alcool dénaturé.

Alcool éthylique. C^2H^5OH. — L'alcool éthylique ou ordinaire, ou alcool de vin, esprit de vin, est, comme on le sait, le produit qui résulte d'une fermentation particulière du glucose sous l'influence du ferment alcoolique. Pasteur a démontré qu'il se produisait alors de l'alcool, de l'acide carbonique, de la glycérine, de l'acide succinique, comme produits constants et essentiels. Schématiquement, on a :

$$C^6H^{12}O^6 \;=\; 2C^2H^5 \cdot OH \;+\; 2CO^2$$

1 molécule   alcool   acide
glucose   éthylique   carbonique

L'*alcool éthylique* pur présente les principales propriétés suivantes :

C'est un liquide très limpide et mobile, assez fortement réfringent. Sa densité $= 0,7939$ à $15°5$; $0,7920$ à $20°$ et $0,8095$ à $0°$ (Kopp). Il bout à $78°5$. Il se congèle à $-130°$. Il est soluble dans l'eau en toutes proportions ; non seulement il se dissout dans l'eau mais il se combine en donnant les *hydrates* suivants ([1]) :

$$1° \quad C^2H^5 \cdot OH \;+\; 2H^2O$$
$$2° \quad C^2H^5 \cdot OH \;+\; 3H^2O$$
$$3° \quad C^2H^5 \cdot OH \;+\; 6H^2O$$
$$4° \quad (C^2H^5 \cdot OH)^3 \;+\; 2H^2O \text{ (sesquihydrate)}$$
$$5° \quad C^2H^5 \cdot OH \;+\; 22H^2O.$$

Ces combinaisons sont importantes et intéressantes, car elles expliquent certaines variations dans les actions dissolvantes de l'alcool sui-

---

[1] E. Varenne et L. Godefroy. — *Sur les hydrates d'alcool éthylique*. Comptes rendus de l'Académie des Sciences, 7 décembre 1903. Note présentée par M. Troost, Président de l'Académie des Sciences.

vant son degré de concentration, et aussi certains écarts de l'alcoomètre Gay-Lussac.

L'alcool *dissout* beaucoup de corps ; plusieurs sels parmi lesquels des chlorures, des gaz (dont surtout l'acide sulfureux). Il dissout facilement les alcaloïdes, beaucoup d'acides organiques et de leurs sels, les éthers, les essences, les matières grasses, les résines, etc... Son emploi industriel est donc indiqué dans un grand nombre de cas et nous n'avons pas à les exposer ici.

Un point important de l'histoire de l'alcool, en ce qui concerne l'alcool dénaturé, est avant tout son *prix de revient* industriel. On estime que ce prix de revient doit osciller, en moyenne, entre 33 francs et 35 francs.

Voici d'ailleurs, à ce sujet, un rapport de M. Delaune à la 2ᵉ sous-commission de la commission extra-parlementaire de l'alcool (1) :

« On a dû se borner à examiner le prix de revient des alcools de betterave, dans les distilleries purement agricoles et dans les flegmeries industrielles qui ne traitent pas plus de 200 tonnes de betteraves par jour.

(1) Voir le remarquable *Rapport général* fait au nom de la Commission extra-parlementaire de l'Alcool par M. PAUL TAQUET, Secrétaire général et Rapporteur général, Paris, Imprimerie Nationale, 1906.

« On a commencé par calculer à quel prix minimum les cultivateurs devaient vendre leurs betteraves pour conserver un bénéfice suffisant.

« Les dépenses culturales à l'hectare sont évaluées comme suit :

Location de ta terre, impôt et assurances	125^{fr},50
Frais généraux, intérêts du capital et imprévu . . . •	120 //
Façons culturales en général, hersage et labour, engrais et épandage	607 //
Semence, ensemencement, binage et arrachage	155 //
Frais de transport des betteraves, mise en silo.	42 //
Total. . . .	1 049^{fr},50

« Sur ce chiffre, la 1re section (de la Commission) a estimé que les façons générales de culture et les engrais profitant aux cultures ultérieures, ne devaient être comptées que pour la moitié du chiffre de 607 francs ; il faut, en conséquence, déduire 305^{fr},50 du total, ce qui le ramène à 744 francs.

« Si l'on admet une production moyenne, à 1 hectare, de 50 000 kilogrammes de betteraves de distilleries, à 5 degrés de densité, le prix de revient pour le cultivateur est, pour 1 000 kilogrammes, de 14^{fr},90 ; donc le prix de vente au distillateur ne peut être inférieur à 16 francs pour assurer au producteur une modeste rémunération de ses peines et de son capital.

« Ce prix s'applique à des betteraves à 5 degrés de densité ; au-dessus, les rendements culturaux diminuent et ne seront, par exemple, que de 41 000 kilogrammes par hectare ; le prix de revient cultural s'élevant à 18^{fr},20 pour 1 000 kilogrammes, le cultivateur devra vendre ses betteraves 19^{fr},50 au distillateur pour réaliser un petit bénéfice.

« Quel est maintenant le prix de revient d'un hectolitre d'alcool dans une distillerie purement agricole, pouvant travailler par jour 25 tonnes de betteraves à 6 degrés de densité pendant 150 jours, et dont les frais d'installation dans les bâtiments déjà existants sont évalués à 50 000 francs (chiffre bien faible !) ?

« Les frais de fabrication pour *une journée de travail* peuvent être évalués comme suit (voir le tableau de la page suivante).

« Or, pratiquement, 1 000 kilogrammes de betteraves peuvent donner 63 litres de flegmes à 100 degrés, soit, pour 25 tonnes, 15^{hl},75, dont le prix de revient sera de 558^{fr},31, soit pour un hectolitre : 35^{fr},45. Si l'on évalue à 10 pour cent les

frais de direction, les risques divers et les bénéfices, soit 3^{fr},55, on arrive, comme *prix limite* de
vente pour un hectolitre de flegmes à 100 degrés,
dans la distillation agricole envisagée, à 39
francs ».

Frais de fabrication pour une journée

Intérêt du capital, amortissement, entretien et assurance-incendie .	63^{fr},39
Main-d'œuvre, manutention, assurance-accidents.	49, 75
Charbon	30 //
Acides, graissage, éclairage, contrôle chimique	17, 67
Matière première (25000 kilogrammes de betterave à 6 degrés à 19^{fr},50 les 1000 kilogrammes .	487, 50
Total . . .	648^{fr},31

dont il faut déduire la valeur de la pulpe, à raison de 6 francs la tonne et de 60 pour cent du poids des betteraves ; soit, pour 25 tonnes de betteraves, 15 tonnes de pulpes à 6 francs	90 //
Ce qui ramène le prix de revient à	558, 31

M. Delaune étudie ensuite (p. 414 du rapport
général de la Commission extra-parlementaire
de l'alcool) le prix de revient pour une flegmerie
industrielle travaillant 180 à 200 tonnes de bet-

teraves à 5 degrés de densité, par jour, pendant 90 à 100 jours, par le procédé de la diffusion.

Le rendement *pratique* en flegmes à 100 degrés, pour une tonne de betteraves à 5 degrés de densité, est évalué à $49^l,5o$; la production pour la campagne entière s'élèvera à un total d'environ 8 000 hectolitres de flegmes à 100 degrés. Dans ce cas, voici le calcul du prix de revient.

On suppose un capital de 300 000 francs déjà amorti partiellement et dont la partie non amortie est encore de 250 000 francs :

Frais généraux

Intérêt à 5 % du capital de 300 000 fr.	15 000 fr.
Amortissement à 6 % de 250 000 fr. .	15 000
Dépenses administratives, frais de direction, d'employés, assurances et contributions	10 000
Total. . . .	40 000 fr.

qui, répartis sur une production de 8 000 hectolitres, représentent une dépense de frais généraux de 5 francs environ par hectolitre d'alcool produit. Donc, en calculant le prix de revient par *hectolitre de flegmes à* 100 *degrés*, on a d'abord :

Frais généraux. . . . .   5ᶠʳ //
Prix de la matière première : : 2 025 kilogrammes de betteraves à 5 degrés de
densité, valant 16 francs la tonne (1
tonne produit 49ˡ,50 de flegmes à 100
degrés) 32, 20

Frais de fabrication :

Manutention et main-d'œuvre	1ᶠʳ,50
Charbon.	1, 50
Acide, levure, huile.	1, 10
Entretien et répara-tion.	1, 40

5, 50

Total. . . .   42ᶠʳ,70

Dont il faut déduire la valeur de la pulpe
et ses vinasses, soit 5, 30

Reste. . . .   37ᶠʳ,40

auxquels il faut ajouter 2 francs de bénéfice à l'hectolitre pour l'industriel, ce qui donne un prix de revient final de 39 francs environ.

Donc, d'après M. Delaune, le cours de l'hectolitre de flegmes à 100° ne peut être inférieur à 39 francs, ce qui correspond, d'après les usages commerciaux, à une cote de 39 francs à Paris pour l'alcool à 90°. Quant aux flegmes à bas degré (cas de la production habituelle), il faut les amener à 90° par une opération complémentaire de rectification et en raison de ce double travail, leur prix ne peut être inférieur non plus à 39 francs.

Telles sont les conclusions de M. Delaune ; la haute compétence de M. Delaune en ces questions les rend malheureusement presque certaines en pratique ([1]).

D'autre part, M. Vassilière, directeur de l'agriculture au Ministère de l'agriculture, déclare qu'après des enquêtes très minutieuses faites dans ses services, le prix de 35 francs devrait être considéré comme un minimum. Enfin, ajoute M. Vassilière, il a été établi, d'après une étude spéciale faite à ce sujet, que la distillation des pommes de terre, très prospère en Allemagne, particulièrement dans les régions où le terrain ne se prête pas à d'autres cultures, est peu intéressante en France où, au contraire, la

---

([1]) M. Arachequesne a établi que, dans les colonies, l'alcool de mélasse (90-92°) revient à 9fr,50 l'hectolitre. Il est constaté que, dans tous les pays à sucre, on ne sait que faire des mélasses. Si on les jette dans les champs, elles attirent tellement les moustiques que les nègres ne veulent plus y aller travailler. On ne peut donc les utiliser qu'en les transformant en alcool et utilisant les vinasses pour rendre au sol les sels de potasse.

L'industrie de l'alcool combustible et moteur serait donc à encourager aux colonies. A Madagascar, par exemple, tout le combustible vient de l'extérieur, sauf le bois. Il s'y importe près de 400 000 francs de pétrole que l'alcool, surtout à 9fr,50, pourrait avantageusement remplacer sous tous les rapports.

richesse du sol conseille des cultures plus avantageuses. De plus, les résidus de la pomme de terre ont une valeur assez faible. C'est également l'avis de M. Lindet. Et, à propos de cette valeur non négligeable des résidus, M. Viger, ancien ministre de l'agriculture, estime que l'alcool de betteraves est le meilleur marché parce que c'est celui dont les résidus ont le plus de valeur. Et, en fait, comme le fait ressortir M. Delarue, *c'est l'alcool de betteraves qui règle les cours* et non les alcools de grains, de mélasses, ou autres.

Ainsi, dans l'état *actuel* de la situation (1906), on peut considérer qu'un prix de revient de 35 francs par hectolitre à 90° est de 5 francs trop élevé pour concurrencer sérieusement le pétrole. Le prix de 30 francs pourrait convenir et cependant quelques propagateurs de l'alcool désireraient que le prix put être abaissé à 25 francs en s'y maintenant fixe. Certes, cette solution serait à souhaiter ! Malheureusement, nous venons de voir que la pratique industrielle rend ce chiffre improbable. Il faudrait donc une prime de compensation, corrigeant cette différence. Mais il est fort peu probable qu'elle soit acceptée par la Chambre et le Sénat. Enfin nous verrons que le prix de $0^f,40$ le litre pour l'alcool dénaturé, suffit à concurrencer avantageusement le pétrole dans l'éclairage, ainsi que l'a établi M. E. Silz.

Nous sommes donc actuellement *près* d'une solution, mais le point tangentiel n'est pas encore déterminé ([1]).

Alcool méthylique ([2]). $CH^3.OH$. — L'alcool méthylique ou *esprit de bois*, fut d'abord confondu avec l'alcool éthylique ou *esprit de vin*. C'est Ph. Taylor qui, le premier, en 1812, le distingua sous le nom d'éther pyroligneux, mais c'est Dumas et Péligot qui, en 1835, le comparèrent nettement à l'alcool éthylique et lui donnèrent son nom *d'alcool méthylique*. Sa synthèse fut, depuis, réalisée par M. Berthelot en partant du gaz des marais (méthane CH^4). In-

---

([1]) Il est bien évident que les alcools que nous venons de signaler, ne sont pas des alcools rectifiés tels qu'on les comprend pour les alcools de consommation. Ces derniers comportent une prime de rectification qui en élève toujours le prix et cela d'autant plus que la rectification est plus parfaite.

([2]) Rappelons que l'alcool méthylique impur orné par la régie du nom inexact de méthylène n'a rien de commun avec ce composé. Le *méthylène* CH^2 est le premier terme de la série des hydrocarbures C^nH^{2n}; c'est un corps fort intéressant au point de vue chimique et qui donne de nombreux et importants dérivés.

dustriellement, Péligot avait constaté que le
ligneux chauffé avec son poids de potasse donne
une grande quantité d'esprit de bois (*Ann. de
Chim. et de Phys.*, t. LXXIII).

L'alcool méthylique brut contient : de l'acétone, de l'acétate de méthyle, de l'oxyde de mé-
sityle, de la phorone, de l'alcool allylique, de
l'ammoniaque, de la méthylamine, du méthy-
lacétal — et peut-être de l'alcool éthylique.
C'est, on le voit, un mélange fort complexe et
qui, pour la dénaturation, n'a précisément guère
besoin d'être purifié.

La fabrication industrielle de l'alcool méthylique est assez simple. Elle fut, en somme, créée
par l'ingénieur français Philippe Lebon (1799),
puis perfectionnée en 1812 par Taylor qui sépara
l'alcool méthylique de l'acide pyroligneux. (Il
est probable d'ailleurs que Ph. Lebon eût fait
lui-même cette intéressante séparation s'il
n'avait été misérablement assassiné aux Champs-
Élysées dans des circonstances assez mysté-
rieuses pour que quelques doutes se soient
élevés sur les successeurs de ses brevets).

L'alcool méthylique s'obtient donc par la distillation sèche du bois.

En moyenne, on admet que le bois donne
ainsi, pour 100 parties :

Gaz combustibles et produits gazeux	Hydrogène . . . . Oxyde de carbone. . . . Gaz des marais (méthane). Hydrocarbures divers . . Acide carbonique . . . Azote	19,00
Produits liquides	Eau . . . . . 48 à 49 Goudron . . . 2,5 Acide acétique . 4 à 5 *Méthylène* . . . 2	57,50
Produits solides	Charbon. . . . . 20 Brai 3,5	23,50
	Total	100,00

La distillation s'effectue dans des appareils
spéciaux que nous ne pouvons décrire ici (appareils Mollerat, Kestner, fours anglais, suédois,
fours Astley, Person-Price, Bresson, etc.).

A la condensation, les produits liquides se sé-
parent nettement en liquides aqueux et
goudron.

Le *liquide aqueux* contient des acides formique, acétique (acide pyroligneux), propio-
nique, butyrique, de l'acétate de méthyle, de
l'acétone, etc., et, enfin, le *méthylène*.

Le *goudron*, complexe aussi, contient :
benzol, toluène, naphtaline, anthracène, paraf-

fine, phénol, crésol, créosote, gaïacol, phlorol, crésol, méthylcréosol, etc.

L'ensemble et la *proportion* de ces nombreux produits varie suivant la manière dont on conduit le feu. Violette et Karsten ont établi que le rapport du carbone volatilisé au charbon obtenu peut varier de $\frac{1}{5}$ à 2 suivant que la carbonisation s'opère entre 200 et 400°. Il y a donc intérêt à chauffer lentement et progressivement pour obtenir le maximum de produits liquides.

La *nature des bois* a également une influence sur le rendement.

Stolze indique les rendements suivants :

Désignation	Gaz	Charbon	Goudron	Méthylène et acide pyroligneux
Sapin	23,98	21,10	13,70	41,2
Pin.	24,30	21,50	11,80	42,4
Chêne.	21,74	26,20	9,06	43,0
Prunier	24,35	21,60	10,35	43,7
Hêtre.	22,85	24,60	9,55	44,0
Bouleau	20,00	24,40	8,60	45,0
Genèvrier	20,67	23,70	10,73	45,8
Peuplier blanc . .	22,85	23,40	8,05	45,8
Frêne.	22,30	22,10	8,80	46,8

Quand la distillation est terminée, on sépare

la partie aqueuse, contenant le méthylène et l'acide pyroligneux, du goudron. Cette séparation peut se faire simplement par décantation après un repos de 2 à 3 jours dans une cuve haute. On peut employer aussi la force centrifuge.

La partie aqueuse est alors soumise à une distillation spéciale qui sépare le méthylène de l'acide pyroligneux. Au début, on a soin de pousser la distillation lentement tant qu'il passe des vapeurs d'alcool méthylique. (L'acide pyroligneux restant subit un autre traitement). Bien entendu, un alambic ordinaire n'est pas suffisant pour ce fractionnement et on emploie généralement un alambic surmonté d'une colonne d'au moins trois plateaux rectificateurs. Le produit brut ainsi obtenu peut être déjà purifié par une simple distillation au bain-marie, en lui ajoutant de la chaux éteinte. On peut le purifier davantage en le combinant au chlorure de calcium et rectifiant : les matières étrangères passent à la distillation, tandis que l'alcool méthylique reste dans la chaudière combiné au chlorure de calcium. On détruit cette combinaison par une simple addition d'eau, on décante l'alcool méthylique qui surnage et on rectifie sur de la chaux vive au bain-marie.

Enfin si l'on veut avoir de l'alcool méthylique *chimiquement pur*, il faut le transformer en oxalate ou benzoate de méthyle et saponifier ensuite l'éther ainsi formé.

L'alcool méthylique pur est un liquide limpide, incolore, très fluide, d'odeur agréable et spéciale, à la fois alcoolique et aromatique. Il brûle avec une flamme plus pâle que celle de l'alcool éthylique.

Il bout à 66°,3. Son ébullition est très difficile à cause des soubresauts continuels qu'il produit à cette température (on les évite en ajoutant un peu de mercure ou de fils de platine).

Son *volume* aux différentes températures est donné par la formule :

$$V = 1 + 0,0011342\, t + 0,000001365\, t^2 + 0,0000008471\, t^3$$

Sa *chaleur de combustion* est de 5307 calories
Sa *chaleur spécifique* $= 0,6713$
Sa *chaleur latente* $= 26386$ unités de chaleur
Sa *densité* $= 0,798$ à 15°.

Il est soluble en toutes proportions dans l'eau [1] et les densités de ces solutions aqueuses sont les suivantes :

---

[1] Il donne avec l'eau des *hydrates* comme l'alcool éthylique.

Alcool méthylique 1/100	Densités
5	0,9857
10	0,9751
20	0,9709
30	0,9576
40	0,9429
50	0,9232
60	0,9072
70	0,8873
80	0,8619
90	0,8371
100	0,8070

(Densités à + 9° = H. Deville).

Ce même savant a établi les *indices de réfraction* de l'alcool méthylique à ses différents degrés de dilution (toujours à + 9°). Nous les indiquons dans le tableau de la page suivante.

La *tension de vapeur* de l'alcool méthylique est de 0,082 à + 13° (Dumas et Péligot).

L'alcool méthylique dissout un grand nombre de corps, à peu près les mêmes que l'alcool éthylique.

Par *oxydation*, il donne, suivant les cas, de l'aldéhyde formique, de l'acide formique, du méthylal ($C^3H^8O^2$), et en présence simultanée

de l'alcool éthylique, il se forme du méthyla-
cétal et du méthyléthylacétal (Ad. Wurtz).

Alcool méthylique pour cent	Indices de réfraction
5	1,3360
10	1,3380
20	1,3394
30	1,3428
40	1,3452
50	1,3462
60	1,3462
70	1,3452
80	1,3429
90	1,3405
100	1,3358
(*Annales de Physique et de Chimie* (3), t. V, p. 139)	

Acétone (ou diméthylcétone $C^3H^6O = CH^3$
— CO — CH^3). — L'acétone fut obtenue pour la
première fois en 1754, par Courteveaux, qui lui
donna le nom d'*éther pyroacétique*, en même
temps que les frères Derosne qui, de leur côté,
étudièrent ses propriétés. Peu après, Chenevix
constata que ce corps n'était pas un éther et
changea son nom en celui d'*esprit pyroacétique*.
Ce fut Dumas qui établit le premier la composition centésimale de l'acétone (*Ann. de Chim.*

et Phys., t. XLIX). Liebig et Kane continuèrent l'étude, puis Chancel, Gerhardt, Williamson, Staedler, Pebal, Freund, Friedel, etc.

Dans les laboratoires, on obtient l'acétone par la distillation sèche des acétates. Les acétates de plomb, de chaux, de baryte, sont ceux qui donnent le meilleur rendement. L'équation est simple :

$$(C^2H^3O.O)^2Ba = BaCO^2 + C^2H^3O.CH^3$$

acétate   carbonate
de baryte   de baryte   acétone

En réalité, il se forme en même temps certains hydrocarbures, puis de la méthylacétone et de l'éthylacétone.

Il se produit aussi des proportions notables d'acétone dans l'industrie, dans la préparation de l'aniline lorsqu'on distille le mélange d'acétate de fer et d'aniline qui provient de la réaction du fer et de l'acide acétique sur la nitrobenzine.

Elle prend également naissance dans d'autres nombreuses réactions, même dans l'organisme vivant.

Industriellement, l'acétone peut se retirer du mélange aqueux provenant de la distillation sèche du bois (voir plus haut, p. 37). L'acétone se trouve mêlée à l'alcool méthylique qui a

été séparé par la colonne distillatoire de l'acide
pyroligneux ; on traite ce mélange d'alcool méthylique et d'acétone par le bisulfite de soude
qui donne, avec l'acétone, une combinaison solide
qu'on sépare à la turbine de l'alcool méthylique resté liquide. On décompose ensuite cette
combinaison par une solution de soude caustique et on distille. L'acétone ainsi obtenu
retient toujours de l'alcool méthylique, ce qui,
pour l'alcool dénaturé, est sans importance,
puisque le *méthylène-régie* contient à la fois de
l'alcool méthylique et de l'acétone. Pour obtenir
de l'acétone plus pure, le procédé par décomposition pyrogénée des acétates est préférable.
Le rendement des acétates est le suivant, en
moyenne :

100^{kg} d'acétate de chaux donnent 25^{kg} d'acétone
   //   //   de baryte   //   15   //
   //   //   de plomb   //   10   //

On emploie généralement l'acétate de chaux
qui est préparé directement dans les fabriques
d'acide acétique. Cet acétate doit être sec et grillé
et bien débarrassé des matières goudronneuses.
Il faut distiller lentement sans dépasser 300°,
mais en maintenant cette température constante
et uniforme dans toute la masse. (On obtient

aisément ce résultat au moyen d'une cornue cylindrique munie à son intérieur d'une vis sans fin). Le produit brut recueilli à la condensation est mis à digérer avec 10 $^o/_o$ de son poids de chaux vive très divisée, puis rectifié sur cette chaux. On distille encore sur 1 $^o/_o$ de chaux et 1 $^o/_o$ de soude caustique ; on recueille seulement ce qui passe *avant* 60°. Pour avoir l'acétone complètement pure, il suffit alors de la combiner au bisulfite de soude.

L'acétone pure est un liquide incolore, très fluide, d'odeur forte non désagréable. Elle bout à 56°,4. Sa densité = 0,810 à 0°. Sa densité de vapeur = 2,0025 (Dumas). Sa tension de vapeur = 18 à 20°, 42 à 40°, 86 à 60°, 161 à 80°, 280 à 100°, 360 à 110°. Son coefficient de dilatation est donné par la formule :

$$V = 1 + 0,0013481\, t + 0,0000026090\, t^2 + 0,0000000105683\, t^3.$$

L'acétone est facilement combustible et brûle avec une flamme éclairante.

Elle est soluble en toutes proportions dans l'eau avec laquelle elle donne plusieurs hydrates [1].

---

[1] E. VARENNE et L. GODEFROY. — *Comptes rendus de l'Académie des Sciences*, 1904.

Elle donne de nombreuses et intéressantes réactions sous l'influence du chlore, du brome, etc. Sous l'influence des déshydratants (acide sulfurique, etc.), elle donne un corps intéressant : la triméthylbenzine ou mésitylène ([1]).

Swicker a indiqué une réaction intéressante pour la recherche de l'acétone : à la solution à examiner, on ajoute quelques gouttes d'ammoniaque à 28° B. et 1 ou 2 gouttes de solution décinormale d'iode ; s'il y a de l'acétone, il se forme un précipité nuageux d'iodure d'azote qui disparaît par agitation ou légère chaleur et fait place à un nuage d'iodoforme. Cette réaction est sensible au millionième et n'est pas troublée par l'alcool (Swicker).

Benzine lourde. — Ici encore, de même que le terme « méthylène » le terme *benzine* est impropre. En effet, la *benzine* C^6H^6, type fondamental de la série dite aromatique, est un liquide bouillant à 80°5, de densité $= 0,899$ à 0° et se solidifiant à cette température de 0° sous forme de cristaux rhombiques fusibles à + 3°, etc.

Or, le Comité des Arts et Manufactures, dans sa décision du 1er mars 1893, nous définit ainsi la « benzine lourde » :

([1]) E. VARENNE. — *Préparation du mésitylène,* Bulletin de la Société chimique de Paris, 1882.

« La benzine lourde doit avoir l'odeur très caractéristique des produits lourds de la distillation de la houille, et avoir son point d'ébullition entre 150 et 200° ; elle doit être inattaquable par une lessive de soude à 36° Baumé, louchir par l'addition d'eau et se dissoudre immédiatement sans louchir dans 4 fois son volume d'alcool à 90° » (on en verse 500 centimètres cubes par 100 litres à 90°).

Donc, la benzine lourde (régie) ne contient pas trace de vraie benzine. En effet, quand on fractionne, dans un appareil à colonne, 100 litres de benzol distillant au-dessous de 80°, on recueille :

62 à 80°	6 litres,	produits impurs
80 à 82°	44 //	*Benzine vraie*
82 à 110°	6 //	produits impurs
110 à 112°	17 //	*Toluène*
112 à 137°	5 //	produits impurs
137 à 140°	9 //	*Xylène*
140 à 148°	5 //	produits impurs
148 à 150°	8 //	*Cumène.*
	100	

Or, dans la benzine lourde-régie, nous ne pouvons donc avoir que des traces de xylène C^8H^{10}, du cumène C^9H^{12}, de cymène $C^{10}H^{14}$, de phénol C^6H^6O, de crésol C^7H^8O, de phlorol $C^8H^{10}O$, de styrolène C^8H^8, de naphtaline $C^{10}H^8$, d'hydrure de naphtaline $C^{10}H^{10}$, et peut-être aussi d'un peu d'acénaphtène $C^{12}H^{10}$, sans compter nombre de corps encore mal définis ([1]).

En somme, la benzine lourde-régie contient une grande quantité de corps à l'exception de la vraie benzine.

Sa fabrication industrielle relève de l'industrie du goudron de houille et nous ne pouvons nous y arrêter ici.

Toluène (Méthylbenzine $C^7H^8 = C^6H^5.CH^3$). — Le toluène peut dans certains cas être admis comme dénaturant.

Il se retire par distillation fractionnée des huiles légères de goudron. C'est lui qui passe aussitôt après la benzine pure.

C'est un liquide incolore, d'odeur assez semblable à celle de la benzine. Il bout à 111°. Sa densité $= 0,882$ à $0°$.

Son emploi est plutôt exceptionnel et il n'y a rien de particulier à signaler.

Essence de térébenthine. $C^{10}H^{16}$. — Provient de la distillation des bois de pins, sapins, mélèzes, etc. Par distillation, l'oléo-résine de térébenthine laisse dégager *l'essence* qui est en-

---

([1]) E. VARENNE. — *Table des points d'ébullition des composés organiques de 5 en 5°.* Le Génie civil, 29 décembre 1883.

traînée par la vapeur d'eau, tandis que la *résine* reste dans la chaudière.

Liquide incolore, mobile, très réfringent. Odeur spéciale et caractéristique. Sa densité = 0,870 à 16°. Elle bout à 159°. Elle a une action sur la lumière polarisée.

Il existe d'ailleurs plusieurs essences de térébenthine assez différentes suivant les espèces d'arbres dont elles proviennent.

Résines. — « S'il s'agit de préparer des alcools d'éclaircissage, le complément de dénaturation consiste dans l'addition de 4 kilogrammes de résine ou de gomme-résine par 100 litres d'alcool à 90° » (Circulaire n° 103 du 30 octobre 1894).

Le terme *résines* est des plus vagues. On désigne sous ce nom une série de composés produits normalement par un grand nombre de plantes et qui sont presque toujours accompagnés d'essences volatiles.

Les résines brutes ne sont jamais cristallisées ; elles ont un aspect gommeux ; elles sont généralement colorées en jaune plus ou moins foncé ; elles sont translucides, friables, à cassure brillante ; leur odeur et leur saveur sont faibles. Elles sont fusibles, non volatiles, brûlent facilement ; elles sont insolubles dans l'eau, mais très

solubles dans l'alcool, l'éther et les essences volatiles. A l'état pur, elles sont incolores, sans saveur ni odeur et peuvent quelquefois cristalliser.
La plupart d'entre elles sont des mélanges de
plusieurs composés très difficiles à séparer et à
purifier. Leur nombre est d'ailleurs considérable
et leur étude est encore loin d'être complète.

Au point de vue chimique, on peut les considérer comme des acides faibles ou des anhy-
drides d'acides.

La plupart des résines fondues avec la potasse
donnent une réaction caractéristique : en fon-
dant une partie de résine avec 3 parties de potasse caustique, on obtient, en général, à côté
d'acides gras, de l'acide protocatéchique, de
l'acide paraoxybenzoïque, de la phloroglucine,
de la résorcine (Barth et Hlasiwetz. *Ann. der
Chem. und Pharm.*, t. CXXV, CXXXVIII,
CXXXIX ; *Bull. Soc. Chimique*, 1865, 1868,
1867).

On sait que les résines et les gommes-résines
dissoutes dans l'alcool, dans l'essence de térébenthine ou les huiles grasses siccatives, donnent
les *vernis*. On emploie surtout pour cet usage :
la laque, le copal, l'élémi, la sandaraque, le
mastic, etc.

L'emploi des résines et gommes-résines pour

la dénaturation de l'alcool est donc tout indiqué dans certaines industries (¹).

(¹) Nous ne pouvons malheureusement traiter ici la très importante question des CARBURANTS de l'alcool.

Consulter à ce sujet le Compte Rendu des Séances du *Congrès des Études économiques des Emplois industriels de l'alcool* de 1903, p. 56 (très important rapport de M. Sorel). Ce rapport a été reproduit dans le journal *La Locomotion* du 20 juin 1903.

CHAPITRE III

—

ALCOOMÉTRIE DE L'ALCOOL DÉNATURÉ

La loi de 1872, toujours en vigueur, a interdit de *dénaturer* des alcools *au-dessous* de 90°. Même jusqu'au 30 décembre 1899, ce degré fut seul admis; mais enfin, à ce moment, l'administration des Contributions indirectes produisit une circulaire n° 375, autorisant la dénaturation des alcools *au-dessus* de 90° — ce qui, comme le dit fort bien M. Arachequesne, n'obligeait plus les distillateurs à « mouiller leur combustible » ([1]).

Le *degré* de l'alcool dénaturé est donc déterminé :

1° par la loi du 16 décembre 1897 ;

2° par l'article 40 du décret du 1er juin 1898 :

([1]) Voir l'excellent rapport de M. Arachequesne, au Congrès des Études économiques pour l'emploi industriel de l'alcool, Paris 1903. Imprimerie Nationale (Ministère de l'agriculture) p. 23-27.

« *les alcools dénaturés ne peuvent être soumis à aucun coupage ; ..... ils ne peuvent être ni* ABAISSÉS DE TITRE, ni additionnés de matières non prévues par les décisions du Ministre des Finances ».

La loi du 16 décembre 1897 comporte à cet effet : une amende de 500 francs à 5 000 francs, sans préjudice du remboursement des droits (au tarif de l'alcool de consommation, octroi compris s'il y a lieu, dans les villes à octroi) ; et confiscation des liquides saisis. En cas de récidive, la peine doit être *doublée*.

Dès octobre 1902, M. Barbier, président de la Société technique de l'alcool, faisait remarquer aux divers Syndicats d'épiciers ou autres détaillants d'alcool dénaturé, que, contrairement à la loi, leur alcool tombait « à des profondeurs de 70 degrés ! » ; à cette aquatique proportion, les lampes d'éclairage refusaient carrément de s'allumer ; les réchauds brûlaient encore parfois, mais oubliaient de chauffer ; seuls quelques moteurs, munis de très bons carburateurs, résistaient à l'« inondation ». La Régie se décida alors à sévir, grâce à M. Barbier ; et l'on constata que les fraudeurs, épiciers pour la plupart, étaient si... consciencieux qu'ils collaient sur leurs bouteilles une étiquette indiquant le degré de mouillage, par exemple un petit $\boxed{80°}$ ou $\boxed{70°}$, comme sur les alcools de consommation où leur raison d'être est toute différente et même nécessaire.

Il serait donc bon tout d'abord que la Régie exerçât une surveillance sévère chez les vendeurs d'alcool dénaturé et qu'elle obligeât ces vendeurs à imprimer sur leurs étiquettes : 90 *degrés minimum garantis*, en laissant libre bien entendu, ceux qui, trop rares hélas ! fournissent de l'alcool à 94°, 95° et même au-dessus.

Maintenant quels sont les moyens *pratiques* de contrôle du degré de l'alcool dénaturé mis en vente ? Évidemment, c'est avant tout celui de l'alcoomètre.

Mais une trousse de quatre alcoomètres contrôlés coûte cher, est fragile et peu pratique pour le public.

De plus, l'alcoomètre comporte une table de corrections et un tel instrument devient réellement trop délicat entre les mains des ménagères.

Aussi, M. Arachequesne accepte-t-il un alcoo - mètre à tige courte gradué de 75 à 100 ; ce qui serait, en effet, très suffisant.

On a proposé aussi l'emploi de boules creuses, jaugées pour couler à fond si le liquide titre au moins 90° et pour surnager, au contraire, si l'alcool est mouillé. Ce serait, en somme, un alcoomètre pour « gens qui ne savent pas lire ». Bien entendu, cet appareil a le défaut de ne permettre aucune correction de température, etc. : en revanche, il n'est pas fragile, son prix est insignifiant, et, même sans corrections, il ne laisserait qu'une très faible marge à la fraude. Cette boule densimétrique semble donc un appareil très pratique à recommander.

D'ailleurs, au point de vue scientifique, il est bien évident que l'alcool dénaturé au méthylène-régie ne peut jamais avoir une composition bien constante et que, par suite, ses caractéristiques physiques sont variables.

Ainsi l'alcool méthylique, agent prédominant de la dénaturation a une densité différente et un coefficient de dilatation différent de ceux de de l'alcool éthylique ; ses mélanges avec l'eau donnent des hydrates et des contractions qui diffèrent aussi de l'alcool éthylique. Aussi le Ministère des Finances, considérant l'alcool méthylique *de consommation* (Circulaire n° 413 du 1er septembre 1900) a-t-il fait dresser une table spéciale permettant d'appliquer l'alcoomètre centésimal Gay-Lussac à la mesure de l'alcool méthylique. Voici cette table :

Degrés de l'alcoomètre	Alcool méthylique p. 0/0 en vol.	Degrés de l'alcoomètre	Alcool méthylique p. 0/0 en vol.	Degrés de l'alcoomètre	Alcool méthylique p. 0/0 en vol.
1	1	37,3	35	66,9	68
2	2	38,2	36	67,8	69
3	3	39,1	37	68,7	70
	4	40,0	38	69,8	71
5,1	5	41,0	39	70,8	72
6,1	6	41,9	40	71,8	73
7,1	7	42,7	41	72,8	74
8,2	8	43,6	42	73,8	75
9,2	9	44,4	43	74,8	76
10,2	10	45,3	44	75,8	77
11,3	11	46,1	45	76,8	78
12,4	12	47,0	46	77,8	79
13,5	13	47,8	47	78,8	80
14,7	14	48,2	48	79,9	81
15,8	15	49,5	49	80,9	82
17,0	16	50,4	50	82,0	83
18,2	17	51,3	51	83,1	84
19,3	18	52,2	52	84,1	85
20,5	19	53,2	53	85,2	86
21,7	20	54,1	54	86,3	87
22,9	21	55,0	55	87,3	88
24,0	22	55,9	56	88,4	89
25,2	23	56,8	57	89,4	90
26,4	24	57,6	58	90,5	91
27,5	25	58,5	59	91,6	92
28,6	26	59,4	60	92,6	93
29,6	27	60,3	61	93,7	94
30,6	28	61,3	62	94,8	95
31,7	29	62,2	63	95,7	96
32,7	30	63,1	64	96,7	97
33,6	31	64,0	65	97,6	98
34,5	32	65,0	66	98,6	99
35,4	33	65,9	67	99,5	100
36,4	34				

Cette table indique la concordance entre les degrés de l'alcoomètre Gay-Lussac et la teneur d'eau, mélange d'eau et d'*alcool méthylique pur* à la température de 15° C. ([1]).

D'autre part, l'acétone et la benzine lourde ajoutent leur action perturbatrice à celle de l'alcool méthylique et l'aréométrie de l'alcool dénaturé présente des difficultés spéciales.

M. Blondeau a dressé à cet effet des tables intéressantes, mais elles ont été discutées par une Commission composée de MM. E. Durin, J. Arachequesne, Delachanal, F. Dupont, E. Barbet et Démichel. Le rapport de MM. Delachanal et Démichel est important et il nous paraît utile de le reproduire ici :

([1]) La Régie considère l'alcool méthylique pur comme *consommable* et le soumet à toutes les mêmes formalités générales et mêmes droits généraux que l'alcool éthylique. D'autre part, par une contradiction évidente, elle interdit le mélange d'alcool méthylique à l'alcool éthylique (Loi du 16 décembre 1897, art. 5. Circulaire n° 413, 1er septembre 1900). Cette mesure résulte du fait que le méthylène constitue le principal agent de dénaturation de l'alcool éthylique.

RAPPORT

présenté au Conseil de l'Association des chimistes sur les Tables de Blondeau, par MM. Delachanal et Démichel ([1]).

Le travail de M. Blondeau sur l'alcoométrie, se compose de deux parties distinctes.

Dans la première, il est question du mouillage des alcools de degrés élevés, en vue d'obtenir des esprits à plus bas degrés.

Dans la seconde, l'auteur s'est proposé de calculer des tables qui, tenant compte de la force réelle apparente d'un alcool dénaturé, de sa température et de la force réelle de l'alcool vinique employé, donnent la richesse de cet alcool dénaturé en alcool vinique.

Ce travail a été publié par la librairie administrative P. Oudin, de Poitiers, et fait partie d'un petit volume intitulé : *Guide pratique d'alcoométrie, d'après la nouvelle législation.*

Nous avons étudié très soigneusement le texte et les tables de M. Blondeau. Voici les obser-

---

([1]) *Bulletin de l'Association des chimistes*, janvier 1906.

vations auxquelles elles ont donné lieu de notre part :

1. Table de mouillage des alcools ordinaires. — La vérification ne présentait aucune difficulté ; il suffisait de comparer aux tables déjà existantes et de vérifier quelques nombres à l'aide de la formule employée par l'auteur.

Nous avons d'abord fait la comparaison avec la table de Gay-Lussac, publiée dans ses *Instructions sur l'usage de l'alcoomètre centésimal*, en 1824, ensuite avec une table abrégée calculée par la formule indiquée, qu'on trouve dans l'*Agenda du chimiste*, et enfin avec une table très étendue de M. A. Th. Kupffer, imprimée dans l'*Alcoométrie* de M. F. Malepeyre (Collection des Manuels Roret).

Cette vérification nous a montré quelques petites différences portant seulement sur la seconde décimale, mais elles s'expliquent très bien, car l'auteur a basé ses calculs sur les densités officielles contenues dans la loi de 1884. Nous pouvons donc admettre l'exactitude de cette table et nous n'avons à ajouter que deux observations.

L'une est relative à la formule employée, qui n'est exacte que pour la température de 15°, et qu'il convient de modifier si on veut l'appliquer à une autre température. Il faut alors remplacer les densités d, d', par les poids spécifiques correspondants, que nous représenterons par g, g', et, de plus, introduire le poids spécifique de l'eau pure à la température de l'observation ; nous le désignerons par g^t. Il convient, en outre, de remplacer le coefficient 100 qui représente effectivement le volume de l'alcool mesuré à la température t par un volume un peu différent, qui représente le volume de ces 100 litres quand on le ramène à la température de 15° centigrades. La valeur de V se trouve dans la table de Gay-Lussac en petits caractères au-dessous de chaque force réelle. Seulement comme elle est rapportée à 1 000 litres, il convient de séparer le dernier chiffre de droite par une virgule. On écrira alors :

$$x = \frac{V\left(\dfrac{A}{a}\, y - y'\right)}{g^t}.$$

Notre seconde observation se rapporte à la remarque faite par M. Blondeau dans la notice qui précède sa table ; il est dit : « Si le mouillage était effectué à une température différente de 15° centigrades, les quantités d'eau à ajouter ne seraient pas tout à fait celles qu'indique la table, mais les différences sont minimes et absolument négligeables dans la pratique. Ainsi, à la température de 30° centigrades, il faudrait, pour réduire à 35°, 100 litres d'alcool titrant 88°, ajouter 156ˡ,97 d'eau au lieu de 157ˡ,12.

Suit un autre exemple à la température de 4°, mais nous nous sommes contenté de vérifier la première assertion en appliquant la formule générale ci-dessus établie et en supposant, ce qui est correct que l'eau et l'alcool étant dans le même chai, sont à la même température. Nous trouvons, en prenant les données de l'auteur :

$$x\ \frac{98,5\left(\dfrac{88}{35}\times 0,95842 - 0,83989\right)}{0,99571} = 155^{\text{l}},30,$$

au lieu de 156ˡ,97, différence 1ˡ,82 et non 0ˡ,15.

On doit donc, contrairement à ce qu'affirme M. Blondeau dans sa notice, opérer les mouillages autant que cela est possible dans le voisinage de 15° centigrades, ou tenir compte de l'influence de la température, comme nous venons de le faire pour la démonstration.

2. Alcools dénaturés. *Première table.* — En ce qui concerne les tables relatives aux alcools dénaturés, notre travail a été beaucoup moins facile et le résultat aussi est moins satisfaisant, parce que l'auteur, dans son instruction, n'a donné aucune indication sur la méthode qu'il a suivie, non plus que sur les bases qui ont servi à ses calculs.

La notice cependant est assez longue et, pour commencer, nous attirerons l'attention sur la phrase suivante, qui se trouve au commencement : « On a calculé qu'à une variation d'un degré de température correspond une variation de richesse comprise entre 8 et 9 litres d'alcool pur pour 100 hectolitres d'alcools dénaturés préparés avec des spiritueux titrant de 90 à 96° ».

Prise textuellement, cette phrase signifierait, par exemple, que cent hectolitres d'alcool dénaturé à 90°, préparés à 15° et contenant 8 150 litres d'alcool éthylique n'en contiendraient plus que 8 141 à 16°.

Or, d'après la première table de l'auteur, la richesse de ce produit, qui est effectivement de 8 150 litres à 15°, n'est plus que de 8 120 à 16°; il y aurait donc une différence de 30 litres et non de 9.

Mais en consultant le texte qui précède et qui suit cette assertion, nous croyons qu'il ne faut pas comprendre ainsi cette phrase et qu'il faut lire :

Si on prépare, d'après les prescriptions de la

régie, un alcool dénaturé à une température différente de 15°, celui-ci n'aura plus, s'il est ramené à cette température, la composition normale qui lui est assignée, mais une composition un peu différente.

La différence sera d'environ 8 à 9 litres par degré de température en dessous et en dessus de 15° et par hectolitre.

Nous ne voyons pas comment cette différence a été calculée, et l'auteur aurait été très intéressant en le faisant connaître. Cela eût été original et utile, et nous en aurions pu tirer des indications sérieuses sur cette question compliquée.

En étudiant ce problème de la dénaturation et en prenant pour base les coefficients de dilatation connus et l'assertion de l'auteur, nous voyons que le mélange méthylène, acétone, benzine et eau, se dilatant plus que le mélange alcool vinique et eau, la proportion pondérale d'alcool vinique augmentera, par rapport au dénaturant, avec la température de la dénaturation. La proportion en volume n'est plus gardée quand on ramène le mélange à 15° centigrades, et si, effectivement, la différence est de 9 litres par degré et 100 hectolitres, un alcool dénaturé à la température de 30° contient à 15° :

$$8\,150 + 9 \times 15 = 8\,285 \text{ litres d'alcool éthylique}$$

et

$$8\,150 - 9 \times 15 = 8\,015 \text{ litres d'alcool éthylique}$$

si la dénaturation est faite à 0°.

Différence : 270 litres d'alcool éthylique, c'est-à-dire près de 3 litres par hectolitre.

Nous avons fait ce petit calcul pour montrer combien ce problème était intéressant, et nous aurions désiré autre chose qu'une simple affirmation qui ne saurait suffire, si ce n'est pour en tirer la conclusion suivante : à savoir que dans l'état actuel de nos connaissances, il est impossible de déterminer, autrement que d'une manière très approximative, la richesse en alcool pur d'un alcool dénaturé à une température un peu différente de 15°.

Il s'ensuit également que toute correction devient illusoire, si l'on désire un peu de précision. Nous sommes cependant obligé, pour suivre l'auteur dans le reste de son travail, de faire abstraction de ce qui vient d'être dit et d'admettre que des alcools dénaturés, préparés à des températures différentes de 15°, ont des compositions très voisines de celui qui aurait été fait à cette température.

Nous n'avons pas tenu compte également de la contraction qui se produit toujours quand on mélange des liquides de compositions différentes, car, sur ce sujet, nous n'avons pas d'indications, et M. Blondeau qui semble à un certain endroit de sa notice, adopter le chiffre $0^l,07$ par hecto-litre, n'en donne pas la source.

Pour calculer les richesses à $15°$ des alcools dénaturés préparés avec du méthylène à $90°$ centésimaux et de la benzine lourde présentant un poids spécifique de $0,88$ environ, on établit d'abord que, pour dénaturer 1 litre d'alcool pur, il faut $0^l,100$ de méthylène dont le poids est $0,83345 \times 0,1 = 0^{kg},08335$ et $0^l,005$ de benzine dont le poids est $0,88 \times 0,005 = 0^{kg},00440$.

Soit ensemble $0^{kg},08775$.

Quel que soit le degré de l'alcool employé, le poids du dénaturant sera de $0^{kg},08775$ par litre d'alcool pur.

En ajoutant au poids d'un litre d'alcool éthylique de degré x (compris entre 90 et $96°$), $0^{kg},08775$, on aura le poids de $1^l,105$ d'alcool dénaturé et, en divisant ce poids par $1,105$, on aura son poids spécifique, c'est-à-dire son degré apparent.

La richesse en alcool éthylique de ces différents mélanges s'obtient simplement en divisant le degré de l'alcool employé par $1,105$.

Nous avons donc calculé ainsi, pour tous les

degrés compris entre 90 et 96°, le degré apparent et la richesse en alcool éthylique, et nos
calculs sont résumés dans le tableau I (p. 66
et 67).

En interpolant par une courbe (qui est presque
une droite) les nombres inscrits dans les deux
dernières lignes de ce tableau, on a déterminé
les nombres du tableau II (p. 68), qui donne, à
15° centigrades, la correspondance entre les
degrés lus sur l'alcoomètre et la richesse en
alcool éthylique de l'alcool dénaturé mis en
expérience.

Dans le tableau III (p. 69), nous comparons
le résultat de ces calculs avec les nombres de
M. Blondeau, et nous trouvons une différence
qui est nulle pour le degré 90, croît proportionnellement au degré et atteint 0°,6 pour le degré
96.

Pour les températures différentes de 15 degrés, la richesse en alcool éthylique des alcools
dénaturés, d'après le degré apparent, est calculée
en se servant du tableau II et de la table des
forces réelles de Gay-Lussac.

Soit un alcool dénaturé qui marque 95° centésimaux à 27° centigrades; nous trouvons, en ap-

Tableau

	90	91
Degré de l'alcool éthylique employé pour la dénaturation. .	90	91
Poids de 1 litre d'alcool éthylique.	0,83345	0,83011
Poids de 0l,105 de dénaturant .	0,08775	0,08775
Poids de 1l,105 alcool dénaturé.	0,92120	0,91786
Diviser par 1,105. Poids de 1 litre alcool dénaturé.	0,83367	0,83065
D = Différence entre le poids spécifique de l'alcool dénaturé et le poids spécifique de l'alcool éthylique employé.	0,00022	0,00054
Différence entre le poids spécifique de l'alcool éthylique employé et le poids spécifique de l'alcool d'un degré inférieur.	0,00326	0,00334
Fraction de degré correspondant à la différence D à retrancher du degré de l'alcool éthylique employé	0,07	0,16
Degré correspondant au poids spécifique de l'alcool dénaturé.	89,93	90,84
Alcool éthylique p. % en volume = degré de l'alcool employé divisé par 1,105, ...	81,45	82,36

I

92	93	94.	95	96
0,82669	0,82316	0,81951	0,81572	0,81177
0,08775	0,08775	0,08775	0,08775	0,08775
0,91444	0,91091	0,90726	0,90347	0,89952
0,82756	0,82436	0,82105	0,81762	0,81404
0,00087	0,00120	0,00154	0,00190	0,00227
0,00342	0,00353	0,00365	0,00379	0,00395
0,25	0,34	0,42	0,50	0,59
91,75	92,66	93,58	94,50	95,41
83,26	84,16	85,07	85,98	86,88

Tableau II

Degrés	Alcool éthylique p. 0/0 en vol.	Degrés	Alcool éthylique p. 0/0 en vol.	Degrés	Alcool éthylique p. 0/0 en vol.	Degrés	Alcool éthylique p. 0/0 en vol.	Degrés	Alcool éthylique p. 0/0 en vol.	Degrés	Alcool éthylique p. 0/0 en vol.
89,5	81,02	90,6	82,12	91,7	83,22	92,8	84,30	93,9	85,38	95,0	86,48
6	81,12	7	82,22	8	83,31	9	84,40	94,0	85,48	1	86,58
7	81,22	8	82,32	9	83,41	93,0	84,50	1	85,58	2	86,67
8	81,32	9	82,42	92,0	83,51	1	84,60	2	85,68	3	86,77
9	81,42	91,0	82,52	1	83,61	2	84,70	3	85,78	4	86,87
90,0	81,52	1	82,62	2	83,71	3	84,80	4	85,88	5	86,97
1	81,62	2	82,72	3	83,81	4	84,90	5	85,98	6	87,07
2	81,72	3	82,82	4	83,90	5	84,99	6	86,08	7	87,16
3	81,82	4	82,92	5	84,00	6	85,09	7	86,18	8	87,26
4	81,92	5	83,02	6	84,10	7	85,19	8	86,28	9	87,36
5	82,02	6	83,12	7	84,20	4	85,29	9	86,38	96,0	87,64

Tableau III

Degré de l'alcool dénaturé . .	90	91	92	93	94	95	96
Richesse d'après M. Blondeau .	81,5	82,4	83,3	84,2	85,1	86,0	86,9
Richesse d'après notre calcul .	81,5	82,5	83,5	84,5	85,5	86,5	87.5
Différences . .	0,0	0,1	0,2	0,3	0,4	0,5	0,6

pliquant la table des forces réelles de Gay-Lussac, qu'il marquerait seulement 92°,2 à 15° centigrades.

D'après le tableau III, sa richesse à 15° en alcool vinique est de 83°,81 mais comme (même table de Gay-Lussac) un hectolitre d'alcool 92°,2 à 27° ne contient réellement que 98^l,8 d'esprit à 15°, la richesse ne sera pas 83,71, mais 83,71 $\times$ 0,988, c'est-à-dire 82^l,7.

Nous avons donc calculé ainsi complètement la table des richesses qui suit (tableau IV), et les nombres qui y sont inscrits diffèrent de ceux de M. Blondeau, à peu près comme ceux établis pour la température de 15° qui servent de base ; les différences atteignent 0^l,6.

Tableau IV. — Richesses réduites des alcools dénaturés

Degrés du thermo	Degrés lus sur l'alcoomètre													Degrés du thermo
	86	87	88	89	90	91	92	93	94	95	96	97	98	
0	82,6	83,6	84,5	85,4	86,4	87,3	88,1	//	//	//	//	//	//	0
1	82,8	83,2	84,2	85,1	86,0	87,0	87,8	88,7	//	//	//	//	//	1
2	//	82,9	83,8	84,8	85,7	86,6	87,5	88,4	//	//	//	//	//	2
3	//	82,6	83,5	84,4	85,4	86,3	87,2	88,1	//	//	//	//	//	3
4	//	82,2	83,2	84,1	85,1	86,0	86,9	87,8	//	//	//	//	//	4
5	//	82,0	82,8	83,8	84,7	85,8	86,6	87,5	//	//	//	//	//	5
6	//	//	82,5	83,5	84,5	85,4	86,4	87,3	88,2	//	//	//	//	6
7	//	//	82,2	83,2	84,1	85,1	86,1	87,0	87,9	//	//	//	//	7
8	//	//	81,9	82,8	83,8	84,8	85,7	86,7	87,6	//	//	//	//	8
9	//	//	81,5	82,5	83,5	84,5	85,4	86,4	87,3	//	//	//	//	9
10	//	//	//	82,1	83,1	84,1	85,1	86,1	87,0	87,9	//	//	//	10
11	//	//	//	81,9	82,9	83,8	84,7	85,7	86,7	87,6	//	//	//	11

12	//	//	//	81,5	82,5	83,5	84,5	85,5	86,4	87,3	//	//	//	12
13	//	//	//	81,2	82,2	83,2	84,2	85,2	86,1	87,0	//	//	//	13
14	//	//	//	//	81,8	82,8	83,8	84,8	85,8	86,8	//	//	//	14
15	//	//	//	//	81,5	82,5	83,5	84,5	85,5	86,5	87,5	//	//	15
16	//	//	//	//	81,1	82,2	83,2	84,2	85,2	86,2	87,2	//	//	16
17	//	//	//	//	80,9	81,9	82,9	83,9	84,9	85,9	86,9	//	//	17
18	//	//	//	//	//	81,5	82,6	83,6	84,6	85,5	86,6	//	//	18
19	//	//	//	//	//	81,2	82,3	83,3	84,3	85,2	86,3	//	//	19
20	//	//	//	//	//	80,8	81,9	82,9	84,0	85,0	86,0	87,0	//	20
21	//	//	//	//	//	80,5	81,5	82,6	83,6	84,7	85,7	86,7	//	21
22	//	//	//	//	//	//	81,2	82,2	83,3	84,3	85,4	86,5	//	22
23	//	//	//	//	//	//	80,9	82,0	82,9	84,0	85,1	86,2	//	23
24	//	//	//	//	//	//	80,5	81,6	82,7	83,7	84,8	85,9	//	24
25	//	//	//	//	//	//	80,2	81,3	82,3	83,4	84,4	85,5	86,6	25
26	//	//	//	//	//	//	//	80,9	82,0	83,1	84,2	85,2	86,3	26
27	//	//	//	//	//	//	//	80,7	81,6	82,7	83,9	84,9	86,0	27
28	//	//	//	//	//	//	//	80,3	81,4	82,4	83,5	84,7	85,7	28
29	//	//	//	//	//	//	//	79,9	81,0	82,1	83,2	84,4	85,5	29
30	//	//	//	//	//	//	//	//	80,7	81,8	82,9	84,0	85,2	30

3. Alcools dénaturés. *Deuxième Table.* —
Quant à la seconde table de M. Blondeau sur
les alcools dénaturés, intitulée : « Table indiquant la variation de la richesse des alcools
dénaturés, d'après la variation de leur degré ap·
parent avec la température et pouvant servir à la
détermination expérimentale de la richesse alcoolique des alcools dénaturés d'après leur degré
apparent et leur température », elle est basée
sur une discutable interprétation de l'action de
la chaleur sur ces mélanges.

Nous avons trouvé, aux p. 88 et 91 de son mé-
moire, qu'il attribue à un alcool dénaturé préparé avec un alcool de 90° de force réelle et mar-
quant 92° à l'alcoomètre à la température x, une
richesse en alcool pur de 81,45 ce qui est une
erreur. En effet, la base même de tout son
travail est :

1° de ne pas tenir compte d'une contraction que
nous admettrons facilement extrêmement faible ;

2° de considérer que la dilatation de l'alcool
employé et celle du dénaturant sont assez voisines l'une de l'autre pour qu'on puisse négliger
la différence des dilatations.

Si cette considération n'était pas admise, la
première table n'aurait plus aucune valeur, ce
que nous admettrions facilement.

Il résulte donc de ceci que l'alcool dénaturé préparé contient effectivement 81,45 (81,52) d'alcool pur, mais à la température de 15° seulement, et qu'à cette température, l'alcoomètre accuse 90° centésimaux. En nous servant de la table des forces réelles et interpolant, nous voyons que ce mélange, dans lequel l'alcoomètre accuse 90° centésimaux à 15° centigrades, marquera 92° à 23°23 centigrades, qu'un alcool à 23°23 de cette force réelle ne contient que 0,99177 de son volume d'esprit à 15°, et il en résulte que cet esprit ne contient réellement, lorsqu'il marque 92°, que 81,45 × 0,99177 d'alcool pur soit 80¹,78.

Le même procédé qui a servi à calculer la table des richesses, ou un procédé analogue a dû être appliqué alors, mais comme la base même est fausse, nous n'avons pas cru nécessaire d'aller plus loin dans l'étude de cette seconde table relative aux alcools dénaturés.

Pour conclure et résumer notre appréciation nous disons :

1° que la première table de M. Blondeau, celle qui est relative au mouillage des alcools, est bien calculée, mais qu'elle présente un intérêt relatif parce que d'autres auteurs avant lui ont fait le même calcul, sont arrivés aux mêmes résultats et, de plus, ont complété leurs tables par l'indication du volume du mélange, ce que l'auteur n'a fait qu'incomplètement :

2° que la table de richesse des alcools dénaturés d'après la force réelle apparente et la température, présente des différences qui dépassent un demi-degré et ne peuvent être applicables que lorsque la dénaturation a été effectuée à une température, très voisine de 15° C. ; cette partie du travail de M. Blondeau repose sur des hypothèses admissibles, il est vrai, mais qui ne sont pourtant que des hypothèses et non l'expression rigoureuse des faits. Conséquemment tous les résultats obtenus ne sont qu'approximatifs et l'on n'a aucune idée du degré d'approximation. Ce travail aurait une tout autre valeur s'il avait été précédé de quelques expériences qui auraient pu mettre en évidence l'accord des hypothèses et des faits, ou montré l'importance des discordances, de façon à donner une appréciation des erreurs que les calculs peuvent laisser subsister ;

3° La troisième table, celle qui termine son travail, est le résultat d'une fausse interprétation de l'action de la chaleur sur la force apparente et la richesse des alcools dénaturés.

A titre documentaire, nous ferons remarquer que la table de mouillage calculée pour la température de 15° C., peut servir pour faire cette opération à une température très différente comprise, bien entendu, entre o° et 3o° C à la condition de modifier un peu ce calcul.

Prenons l'exemple déjà cité de l'auteur, dans lequel on mesure à 3o° un hectolitre d'alcool dont la force réelle est 88°, et proposons-nous de faire de l'eau-de-vie à 35° centésimaux.

Si l'alcool avait été mesuré à 15°, il faudrait $157^l,12$ d'eau pure, mais, comme cet alcool est mesuré à 3o°, que l'hectolitre ne représente alors que $98^l,5$ d'esprit à 15°, il n'en faudra plus que $157^l,12 \times 0,985$ dont le poids sera $157,12$ $0,985 \times 0,99916 = P$.

Cette eau que nous devons ajouter n'est pas non plus à 15°; elle peut être à 3o° comme l'alcool, ou à une température différente; si nous lui supposons une température t, il faudra prendre dans la table des poids spécifiques de l'eau distillée, celui qui correspond à t et diviser l'équation par cette valeur.

Dans l'exemple numérique précédent, nous supposerons que $t = 3o°$ également, le poids spécifique de l'eau est alors $0,99571$; il en résulte que le volume d'eau à employer sera :
$157,12 \times 0,985 \times 0,99916 : 0,99571 = 155,3o$
ou $157,12 \times 0,985 \times 1.00341 = 155,3o$; car

0,99916 : 0,99571 est un coefficient K, dont un seul terme varie et il peut être calculé d'avance pour les températures comprises entre o et 30° (tableau ci-après), à la seule condition que l'alcool et l'eau de mouillage soient à la même température.

Coefficient K

0° = 0,999 29	11° = 0,999 50	21° = 1,001 11
1 = 0,999 23	12 = 0,999 61	22 = 1,001 33
2 = 0,999 19	13 = 0,999 73	23 = 1,001 56
3 = 0,999 17	14 = 0,999 86	24 = 1,001 80
4 = 0,999 16	15 = 1,000 00	25 = 1,002 05
5 = 0,999 17	16 = 1,000 16	26 = 1,002 30
6 = 0,999 19	17 = 1,000 33	27 = 1,002 57
7 = 0,999 23	18 = 1,000 51	28 = 1,002 84
8 = 0,999 28	19 = 1,000 70	29 = 1,003 12
9 = 0,999 34	20 = 1,000 90	30 = 1,003 41
10 = 0,999 41		

La règle à suivre pour le mouillage d'un alcool (pour 1 hectolitre) serait donc :

1° Déterminer, au moyen de l'alcoomètre, du thermomètre et de la table de Gay-Lussac, la force réelle de l'alcool employé et le coefficient de réduction de volume, inscrit en petits caractères au-dessous de la force réelle dans la table ;

2° Chercher dans la table de mouillage, le volume d'eau qui correspond au degré de l'alcool employé et au degré de l'esprit à préparer, multiplier ce nombre par le coefficient de réduction et par 0,99916, puis diviser le résultat par le poids spécifique de l'eau employée, en tenant compte de la température ;

3° Ou chercher, dans la table de mouillage, le volume d'eau qui correspond au degré de l'alcool et au degré de l'esprit à préparer, multiplier ce nombre par le coefficient de réduction et par le coefficient K, qui tient compte de la température de l'alcool et de l'eau de mouillage.

CHAPITRE IV

—

PROCÉDÉS ANALYTIQUES
ADOPTÉS PAR LE COMITÉ CONSULTATIF
DES ARTS ET MANUFACTURES

(Séances du 1ᵉʳ mars 1893 et du 25 juillet 1894)

PROCÉDÉ ANALYTIQUE A

Dosage des huiles essentielles dans les alcools. Essai qualitatif. — Placer dans un tube à essai 5 centimètres cubes d'alcools et y ajouter 3o à 35 centimètres cubes d'eau salée colorée par un peu de violet d'aniline.

A. *Il ne surnage aucune couche huileuse.*

B. *Il flotte à la surface du liquide une quantité plus ou moins importante d'alcools supérieurs teintés en violet.*

A) *Il ne surnage aucune couche huileuse sur l'eau salée.* — 1° Prendre 100 centimètres cubes d'alcool, les introduire dans un entonnoir à décantation d'un litre ; ajouter 6o à 7o centi-

mètres cubes de sulfure de carbone, puis
450 centimètres cubes d'eau salée saturée et une
quantité d'eau suffisante pour redissoudre le sel
qui se précipite (50 centimètres cubes environ).

2° Agiter vigoureusement l'entonnoir, puis
laisser reposer.

3° Décanter le sulfure de carbone dans un
entonnoir à robinet de 300 centimètres cubes
environ, en évitant l'introduction d'eau.

4° Faire deux autres épuisements semblables
et réunir le sulfure de carbone à celui provenant
du premier essai.

5° Agiter alors le sulfure de carbone avec une
quantité d'acide sulfurique concentré suffisante
pour que celui-ci tombe au fond de l'entonnoir
après agitation (2 à 3 centimètres cubes en
général sont suffisants).

6° Laisser bien reposer puis décanter l'acide
dans une fiole de 125 centimètres cubes ; laver
deux fois le sulfure de carbone avec 1 centimètre cube d'acide sulfurique chaque fois et
réunir ces liquides à celui déjà introduit dans la
fiole.

7° Faire passer ensuite un courant d'air à la
surface du liquide en chauffant au besoin vers 60°
de façon à chasser le sulfure qui a pu être
entraîné.

8° Ajouter une quantité d'acétate de soude cristallisé nécessaire pour neutraliser la presque totalité de l'acide sulfurique (pour 10 centimètres cubes d'acide sulfurique 15 grammes d'acétate suffisent), puis chauffer au bain-marie pendant un quart d'heure en ayant soin de munir la fiole d'un bouchon portant un tube de verre de 1 mètre de longueur faisant fonction de réfrigérant.

9° Laisser refroidir et ajouter 100 centimètres cubes d'eau salée puis introduire le tout dans un entonnoir à décantation de 300 centimètres cubes dont la partie inférieure est graduée en dixièmes de centimètre cube.

10° Laisser reposer quelque temps puis décanter le liquide de façon à amener les acétates des alcools supérieurs dans les limites de la graduation et lire le nombre de centimètres cubes qu'ils occupent. Le nombre lu, multiplié par 0,8, donne la quantité d'alcools butylique et amylique existant dans l'alcool.

Pour doser les alcools propyliques, filtrer sur du papier mouillé l'eau salée contenant l'alcool afin de la débarrasser du sulfure de carbone, puis distiller jusqu'à ce que le liquide marque 50 à 15° (à ce moment la totalité des alcools a passé à la distillation); en remplir une burette à robinet et faire couler goutte à goutte dans un becherglass contenant 1 centimètre cube de permanganate à 1 gramme par litre et 50 centimètres cubes d'eau, jusqu'à obtention d'une teinte rouge cuivre semblable à une teinte type (¹).

Dans ces conditions, il faut à peu près $2^{cc},5$ d'alcool à 50° contenant 1 $^0/_0$ d'alcool isopropylique pour avoir la teinte voulue.

Il suit de là que, d'après le nombre de centimètres cubes employés, on peut en déduire la teneur approchée du liquide en alcool propylique ; ce nombre devra être ensuite ramené à la prise d'essai initiale.

En ajoutant le nombre ainsi trouvé au résultat donné par la méthode au sulfure, on aura la proportion totale d'huiles essentielles existant dans les 100 parties d'alcool essayé.

Le dosage approximatif de l'alcool propylique ainsi pratiqué sera suffisant dans la majeure partie des cas. Si une détermination plus précise était nécessaire, elle serait faite par la méthode homéotropique.

(¹) La teinte cuivre type s'obtient en mélangeant 20 centimètres cubes de fuchsine à $0^{gr},01$ par litre et 30 centimètres cubes de chromate neutre de potasse à $0^{gr},500$ par litre et complétant à 150 centimètres cubes au moyen d'eau distillée.

B) *Il surnage une couche huileuse sur l'eau salée.* — 1° Prendre 100 centimètres cubes d'alcool, les mettre dans une boule à décanter d'un litre environ avec 500 centimètres cubes d'eau salée et 50 centimètres cubes d'eau environ ; agiter, puis laisser reposer.

2° Séparer la solution alcoolique aqueuse de la couche d'huiles essentielles et l'introduire dans une boule à décanter d'un litre.

3° Mesurer le nombre N de centimètres cubes d'huiles essentielles insolubles.

4° Opérer ensuite sur la liqueur alcoolique comme il a été dit en A ; on obtiendra alors, pour les huiles essentielles dissoutes, un nombre n de centimètres cubes d'acétates. Le titre sera la somme des deux nombres $N + (n \times 0,8)$.

PROCÉDÉ ANALYTIQUE B

Dosage de l'alcool vinique dans les huiles essentielles. — 1° Mettre 500 centimètres cubes d'huiles essentielles dans un entonnoir à décantation d'un litre.

2° Ajouter 150 centimètres cubes d'eau salée, agiter énergiquement et décanter cette eau dans un entonnoir à robinet d'un litre.

Faire trois autres traitements semblables et réunir toutes les eaux de lavage.

3° Agiter avec 125 centimètres cubes de sulfure de carbone et répéter quatre fois ce traitement, afin d'enlever au liquide les alcools butylique et amylique pouvant être en solution.

4° Le sulfure de carbone ayant été séparé après chaque épuisement, filtrer la solution aqueuse sur un filtre mouillé puis l'introduire dans un ballon d'un litre.

5° Distiller le liquide et recueillir 250 centimètres cubes.

6° Prendre le degré alcoométrique et la température, ramener à 15° au moyen de tables de corrections et diviser par 2 pour avoir la teneur pour 100 en alcool.

Ce nombre sera corrigé, s'il y a lieu, de la teneur en alcool propylique dont le dosage serait pratiqué ainsi qu'il est dit dans l'instruction pour l'alcool vinique.

PROCÉDÉ ANALYTIQUE C

Dosage volumétrique de l'acétone dans les méthylènes. — L'essai nécessite la préparation des liqueurs suivantes :

Dissolution $\frac{1}{5}$ normale d'iode. — Peser exactement 127 grammes d'iode pur bisublimé et les dissoudre avec 250 grammes d'iodure de potassium dans de l'eau distillée ; amener la solution au volume de 5 litres à 15°.

Dissolution $\frac{1}{20}$ normale d'hyposulfite de soude. — Dissoudre 62^{gr},025 d'hyposulfite de soude pur, *séché à l'air*, dans de l'eau distillée ; amener la solution au volume de 5 litres à 15° après addition de 15 centimètres cubes de soude.

Solution d'acide sulfurique. — Liqueur contenant 100 grammes d'acide sulfurique pur par litre.

Solution de soude. — Liqueur contenant environ 80 grammes de soude NaOH par litre. Ces deux solutions doivent se neutraliser volume à volume.

Empois d'amidon. — Délayer 5 grammes d'amidon dans 500 centimètres cubes d'eau distillée, faire bouillir une heure environ, puis compléter un litre avec de l'eau salée.

Pratique de l'essai. — 1° Mesurer exactement 20 centimètres cubes de méthylène, verser dans un ballon d'un litre, à demi rempli d'eau distillée, compléter à un litre avec de l'eau, puis agiter vigoureusement pour rendre homogène ;

2° Introduire 30 centimètres cubes de soude dans un flacon de 250 centimètres à essai d'argent ;

3° Ajouter 20 centimètres cubes de solution diluée de méthylène ;

4° Verser N centimètres cubes de solution d'iode (55 centimètres cubes environ) ; laisser réagir 10 minutes au moins en agitant ;

5° Verser 30 centimètres cubes de liqueur sulfurique au moins, de façon à rendre la liqueur acide ;

6° Laisser tomber ensuite la liqueur d'hyposulfite jusqu'à ce que la décoloration soit presque complète ; à ce moment, ajouter 4 à 5 centimètres cubes d'empois d'amidon et continuer à verser la solution d'hyposulfite jusqu'à complète décoloration.

Noter le nombre de centimètres cubes employés, soit n ce nombre, et chercher sa valeur en centimètres cubes d'iode (la solution d'hyposulfite étant 4 fois plus faible que celle d'iode, il convient, pour arriver à l'équivalence, de diviser par 4 le nombre n) ;

7° Soustraire ce nombre $\dfrac{n}{4}$ du nombre N^{cc} d'iode employés, et multiplier la différence par 0,6073.

La formule $N - \dfrac{n}{4} \times 0,6073$ donne la quantité d'acétone p. 100 contenue dans le méthylène.

Pour que le dosage ait toute l'exactitude désirable, il est nécessaire que $\frac{n}{4}$ soit au moins égal à 10 centimètres cubes de liqueur d'iode.

Exemple :

$$N = 49^{cc},55$$
$$n = 41,\ 8$$
$$\frac{n}{4} = 10,\ 45$$

$$N - \frac{n}{4} = 49,55 - 10,45 = 39,10$$
$$39,10 \times 0,6073 = 23,74\,^0/_0 \text{ d'acétone.}$$

Nota. — Si un essai à blanc fait avec la soude indiquait que cette soude renferme des nitrites, il y aurait lieu de tenir compte dans les essais de la correction due à la présence de ces nitrites.

PROCÉDÉ ANALYTIQUE D

Dosage volumétrique de l'acétone dans les alcools dénaturés. — 1° Prendre exactement 50 centimètres cubes d'alcool dénaturé au moyen d'une pipette à deux traits ;

2° Laisser tomber dans un ballon de 500 centimètres cubes à demi rempli d'eau distillée ;

3° Compléter jusqu'au trait par addition d'eau distillée, puis agiter pour rendre homogène ;

4° **Prélever** 10 centimètres cubes de cette solution et laisser tomber dans un flacon **de** 750 centimètres cubes, bouché à l'émeri, dans lequel on a préalablement mis 25 centimètres cubes de solution de soude à 80 grammes par litre ;

5° Ajouter ensuite 250 centimètres cubes d'eau distillée, puis N centimètres cubes d'iode $\frac{1}{5}$ normal (45 centimètres cubes environ) et agiter ;

6° Laisser réagir pendant 15 minutes *au moins* et 20 minutes *au plus* à une température comprise entre 15 et 20° centigrades, rendre acide par l'addition de 25 centimètres cubes d'acide sulfurique à 100 grammes par litre ;

7° Verser la solution d'hyposulfite $\frac{1}{20}$ normale jusqu'à presque complète décoloration, ajouter quelques centimètres cubes d'empois d'amidon et achever la décoloration ;

8° Noter le nombre n de centimètres cubes employés ;

9° Diviser ce nombre n par 4 pour avoir la valeur en centimètres cubes de l'iode non employé (ce nombre $\frac{n}{4}$ doit toujours être au moins égal à 10 centimètres cubes ;

10° Retrancher le quotient trouvé du nombre N et multiplier cette différence par 0,12146 pour avoir l'acétone p. 100 en volume dans l'alcool essayé

$$N - \frac{n}{4} \times 0,12146 = \text{acétone p. } \%$$

Exemple :

$$N = 44^{cc},1$$

$$n = 44^{cc},4$$

$$N - \frac{n}{4} = 44^{cc},1 - \frac{44^{cc},4}{4} = 33^{cc}$$

$$33^{cc} \times 0,12146 = 4\ \% \text{ d'acétone}$$

PROCÉDÉ ANALYTIQUE E

Dosage des impuretés méthyliques dans les méthylènes commerciaux. — Instrument nécessaire :

Tube de Röse dont la partie inférieure est jaugée à 50 centimètres cubes et dont la boule supérieure est d'environ 200 centimètres cubes.

La tige réunissant ces deux parties est divisée en centimètres cubes et dixièmes de 50 à 55 centimètres cubes.

Mode opératoire :

1° Mesurer très exactement à la température de 15° un volume de 50 centimètres cubes de chloroforme pur au moyen d'une pipette à deux traits et à robinet. Introduire ce chloroforme dans le tube de Röse ;

2° Préparer d'autre part le mélange suivant :

25 centimètres cubes de méthylène ;

38 centimètres cubes de bisulfite de soude corrigé à 1,35 de densité (voir note A, p. 91) ;

60 centimètres cubes d'eau.

Refroidir ce mélange à 15°, puis le verser dans le tube, fermer au moyen du bouchon rodé, retourner l'appareil et agiter fortement ; laisser reposer et lire l'augmentation de la couche chloroformique à la température de + 15° ;

3° Multiplier par 4 pour exprimer la valeur des impuretés méthyliques totales pour 100 de méthylène.

La quantité de ces impuretés évaluées par la méthode ci-dessus devra être au minimum de 2,5 $^o/_o$, déduction faite des produits saponifiables par la soude.

Lorsque les méthylènes renferment de ces produits, le dosage en sera fait de la façon suivante :

1° Introduire 20 centimètres cubes de méthylène dans un ballon de 200 centimètres cubes environ, ajouter 50 centimètres cubes de soude caustique demi-normale et quelques gouttes de solution alcoolique de phénolphtaléine à 1 $^o/_o$.

2° Adapter le ballon à un réfrigérant ascendant et chauffer au bain-marie à 100° pendant une demi-heure pour détruire les éthers.

3° Titrer la soude en excès au moyen d'acide sulfurique demi-normal ; soit N, le nombre de centimètres cubes d'acide ajouté. La différence 50 — N indique la quantité de soude employée à la destruction des éthers. La quantité de produits saponifiables (*calculée en acétate de méthyle*) contenue dans 100 parties en volume du méthylène à essayer sera donnée par la formule :

$$\frac{100\,(50 - N) \times 0.3894}{n}$$

n étant le nombre de centimètres cubes de méthylène employé.

(Si le chiffre des impuretés totales dépasse 10 %, ajouter 5 centimètres cubes de soude en plus par 1 % d'impuretés : par exemple, 10 centimètres cubes pour 12 %).

Le nombre ainsi déterminé sera déduit du quantum d'impuretés obtenu par le traitement du chloroforme.

Les impuretés pyrogénées devront être entièrement dues aux produits naturels de la distillation du bois ; tout autre matière de quelque nature qu'elle soit, ajoutée au méthylène dans le but de fausser les indications du chloroforme, entraînera le rejet du méthylène.

NOTE A

Correction du bisulfite de soude. — Les bisulfites de soude du commerce quoique ayant 1,35 de densité ne donnent pas toujours le zéro dans un mélange synthétique de méthylène pur à 25 % d'acétone.

Lorsqu'il en est ainsi il convient de les corriger de la façon suivante :

« Introduire 100 centimètres cubes de bisulfite à corriger dans une boule à décantation bouchée à l'émeri et munie d'un robinet à la partie inférieure. Ajouter 175 centimètres cubes d'eau et 50 centimètres cubes de chloroforme, agiter puis laisser les deux couches se séparer complètement. Filtrer 5 centimètres cubes de chloroforme environ sur du papier, recevoir le liquide filtré dans un tube à essai et y ajouter trois gouttes de solution d'iode $\frac{N}{5}$. Agiter fortement et observer si le chloroforme prend une teinte rose persistante. Si la coloration rose disparaît (ce qui est le cas le plus fréquent) ajouter, dans la boule à décanter, de la soude caustique (en solution à 1,35 de densité) à l'aide d'une burette graduée, par petites portions, en répétant après chaque addition de soude, l'essai à l'iode indiqué ci-dessus jusqu'à ce que l'on observe une coloration rose persistante du chloroforme.

Si n représente le nombre de centimètres cubes de soude (densité 1,35) employé, il y aura lieu d'ajouter N centimètres cubes $\times$ 10 de soude à 1,35 par litre de bisulfite à corriger.

On procèdera ensuite au dosage en employant les quantités suivantes de réactifs :

Méthylène pur à 90° contenant 25 $^0/_0$ d'acétone $= 25^{cc}$
Bisulfite corrigé 38
Eau distillée 60
Chloroforme 50

Dans ces conditions, l'augmentation de la couche de chloroforme devra être nulle ».

CHAPITRE V

—

EMPLOI FRAUDULEUX
DE
L'ALCOOL DÉNATURÉ DANS LES BOISSONS

La principale raison qui a fait maintenir la dose de $\frac{10}{100}$ de méthylène dans l'alcool dénaturé a surtout pour but de limiter le plus possible la fraude qui consiste à mélanger de l'alcool dénaturé à certains spiritueux tels que bitters, amers, absinthes, etc., qui, par leur teneur élevée en produits essentiels, permettent *jusqu'à un certain point* cette sophistication.

---

(1) La fraude de certains spiritueux de consommation par addition d'alcool dénaturé est malheureusement plus répandue qu'on ne le croit, surtout dans les débits de spiritueux à bon marché — à trop bon marché même ! Le service de surveillance est d'ailleurs très insuffisant : 15 agents en moyenne pour *tout* le département de la Seine ! M. Guilley, agent de ce service spécial, estime à un minimum d'environ quinze millions la fraude annuelle pour Paris seulement.

Aussi la deuxième sous-commission de la commission extra-parlementaire de l'alcool, se rangeant à l'avis qu'exprimait le ministre des finances en le basant sur de solides et graves arguments financiers, n'a pas cru pouvoir accepter une nouvelle formule de dénaturant proposée par M. Lindet, malgré les avantages qu'elle pouvait présenter.

La formule de M. Lindet était la suivante :

$2^l,500$ de méthylène type-régie ;
$0^l,500$ de formol commerciale, à 35 $^0/_0$ d'aldéhyde formique ;
$0^l,500$ de benzine-régie ;
$0^l,025$ de pyridine.

M. Martin, conseiller d'État, directeur général des Contributions Indirectes, a vivement combattu cette formule de M. Lindet comme contraire aux intérêts du Trésor, contraire aussi aux intérêts des dénaturateurs eux-mêmes et enfin comme ne présentant pas d'éléments suffisamment précis pour fixer l'esprit des juges en cas de poursuites exercées contre des fraudeurs.

M. René Duchemin a traité cette importante question dans le *Bulletin de l'Association des chimistes de sucrerie et de distillerie* (janvier 1905). Il y a étudié les divers dénaturants proposés, leurs avantages et leurs inconvénients.

L'exposé suivant de son travail résume parfaitement la question.

NOTE

sur le rapport présenté par M. Lindet à la deuxième sous-commission de l'alcool au ministère des Finances par M. René Duchemin [1].

Rappelons d'abord les deux principes suivants qui dominent la question de la dénaturation de l'alcool et qui nous paraissent avoir trop souvent été oubliés :

1° La présence dans un alcool de bouche d'une faible quantité de dénaturant ne permet pas d'obtenir une condamnation contre le fraudeur car ce produit a pu être infecté pour différentes raisons et, en particulier, par son passage dans des récipients ayant contenu de l'alcool dénaturé ;

2° On doit entendre, par faible quantité, une proportion variable pour chaque dénaturant, et qui ne peut être fixée que par l'expérience.

Ces deux points ont donné lieu à des essais pratiqués sur le méthylène dénaturant par la sous-commission du ministère des Finances

---

[1] *Bulletin de l'Association des chimistes*, 1905.

réuni sous la présidence de M. Troost, en 1899, et où il a été démontré qu'un fût en bois ayant renfermé du méthylène-régie, et ayant été ensuite rempli d'alcool bon goût, pouvait abandonner à cet alcool jusqu'à 0,5 $^0/_0$ d'alcool méthylique.

Il est évident que, suivant les propriétés physiques de chaque dénaturant, la quantité qu'il sera possible de retrouver dans un alcool, après le passage de ce dernier dans un récipient ayant contenu, soit de l'alcool dénaturé, soit le dénaturant lui-même, sera essentiellement variable.

Étude des huiles de pyridine. — Elles présentent quatre graves inconvénients :

1° Elles donnent à l'alcool auquel elles sont incorporées une odeur écœurante qui, dans bien des cas, pourrait entraver en France l'emploi de l'alcool dénaturé ;

2° Elles produisent à la longue la résinification des mèches (Heizelmann, *Spiritus Industrie*, 1903, p. 42) ;

3° Elles sont très facilement éliminables de l'alcool ainsi que M. Lindet lui-même le reconnaît dans son rapport ;

4° Elles sont d'un prix très élevé, actuellement 280 francs, qui ne peut qu'augmenter, ainsi que le prouve l'extrait suivant que nous empruntons au *Chemical Zeitung*, du 14 septembre 1904. « Les prescriptions relatives à la composition du moyen général de dénaturation ont, depuis peu, donné lieu à des observations qui touchent surtout aux dispositions se rapportant à la proportion des bases de pyridine. Leur production ne s'est pas développée avec la même rapidité que leur emploi qui résulte des besoins croissants causés par le rapide développement de la consommation de l'alcool dénaturé. Si, pour l'avenir, on maintient, comme moyen général de dénaturation, un mélange de bases de pyridine et de méthylène, il sera nécessaire de prendre des mesures pour prévenir un manque de bases de pyridine ».

La même idée se trouve exprimée dans le rapport annuel (octobre 1904) de la *Central für Spiritusverwerthung* où on lit que, depuis 1887-1888, la consommation de pyridine est passée de 70 000 à 500 000 litres et qu'il y aurait lieu de chercher un nouveau dénaturant pour remplacer les huiles de pyridine dont la production est limitée.

Étude de l'aldéhyde formique. — A) Son action irritante sur les muqueuses et, en particulier, sur celles des yeux, rend son emploi impossible, même à faible dose, pour la dénaturation des alcools destinés à être utilisés dans des pièces closes, comme pour l'industrie de la chapellerie, des fleurs artificielles, etc.

B) Sans entrer dans la discussion de la sensibilité des méthodes employées pour rechercher l'aldéhyde formique, nous persistons cependant à dire que ce corps est facilement éliminable de l'alcool.

Nous avons signalé, en effet (*Revue de chimie pure et appliquée*, 17 avril 1904), qu'il suffit de traiter l'alcool dénaturé en formaldéhyde par l'oxylithe en morceaux, en ayant soin de refroidir le mélange et de laisser en contact 24 heures pour transformer l'aldéhyde en acide qui se combine à la soude mise en liberté par la décomposition du peroxyde.

Après distillation, l'alcool obtenu ne présente pas l'arrière-goût des bases de Morin et ne donne pas la réaction de Jorrissen.

Si les essais dont parle M. Lindet ont donné un résultat contraire, cela provient de la différence du mode opératoire suivi.

Lorsqu'on emploie, en effet, du bioxyde de sodium au lieu d'oxylithe, il se produit une importante proportion d'eau oxygénée qui n'a, sur l'aldéhyde formique, qu'une action incomplète, tandis que les oxylithes renferment des traces de bioxyde de manganèse ou encore de nickel ou de cuivre qui décomposent H^2O^2 au fur et à mesure de sa production régénérant ainsi l'oxygène qui agit beaucoup plus activement.

En outre, l'opération doit être menée lentement et en refroidissant, pour que le dégagement d'oxygène naissant soit très lent et pour éviter les causes d'incendie dont parle le rapporteur.

Il est également possible de revivifier la plus grande partie de l'alcool en appliquant, pour cette revivification, le procédé de dosage du formaldéhyde de Blank et Finkenbeiner.

On traite l'alcool par H^2O^2 en liqueur alcaline, on laisse le mélange en contact à basse température pendant plusieurs heures et l'on distille.

On obtient ainsi un alcool qui donne presque toujours une légère coloration à la phloroglucine, mais auquel il suffirait d'ajouter 1 ou 2 fois son volume d'alcool bon goût pour obtenir un mélange dans lequel des traces d'aldéhyde formique seraient insuffisantes pour permettre d'inquiéter le fraudeur.

La grande activité chimique du formaldéhyde et la facilité avec laquelle il se polymérise sont de nature à prouver qu'il serait facile de trouver d'autres procédés de séparation.

Nous devons faire enfin remarquer que M. Lindet lui-même reconnaît que, par un traitement à la benzine et à l'eau salée, suivi d'une distillation, on sépare la plus grande partie du formol et qu'il ne reste plus dans toutes les fractions du distillatum, que des traces du formaldéhyde, décelables par la réaction d'Eury, traces qu'il évalue à $\frac{1}{50\,000}$ et $\frac{1}{100\,000}$ de formol commercial.

Comment peut-il admettre que ces traces permettraient au service de poursuivre le fraudeur, alors que quelques lignes plus haut, en parlant de la réaction d'Eury obtenue avec certains alcools éthyliques, il écrit : « On n'a trouvé celle-ci que dans un alcool provenant d'une fabrique d'explosifs, et dénaturé avec une partie des produits de cette fabrication ; la réaction était faible et de l'ordre de $\frac{1}{100\,000}$, *sensibilité à laquelle le service ne se serait certainement pas arrêté* ».

Il ne peut donc pas prétendre que des doses de $\frac{1}{50\,000}$ à $\frac{1}{100\,000}$ suffiront à faire la preuve de la fraude alors qu'il déclare lui-même que le service ne saurait s'arrêter à une réaction de l'ordre de $\frac{1}{100\,000}$.

Et cela est d'autant plus vrai que tout fraudeur intelligent adjoindra à l'un ou l'autre des moyens de régénération indiqués ci-dessus, la fraude par allongement, ce qui lui permettra d'obtenir facilement un alcool renfermant moins de $\frac{1}{100\,000}$ de formaldéhyde.

Nous ne comprenons pas, à ce sujet, comment le fait, signalé par le rapporteur, que l'Administration a relevé peu de fraudes par traitement chimique suivi de dilution des alcools distillés dans de l'alcool pur, pourrait être un argument en faveur de l'adoption du formaldéhyde comme dénaturant. Actuellement, en effet, l'absence presque totale de fraude s'explique par l'impossibilité où se trouve le fraudeur, grâce à la dose massive de méthylène, de réaliser un bénéfice, quel que soit le mode de régénération qu'il pourrait tenter ; mais il n'en serait plus de même le jour où l'on réduirait à 2,5 $^{0}/_{0}$ la dose d'alcool méthylique, puisque le formol, nouveau témoin, serait facilement éliminable. Nous le démontrerons plus loin.

C) Il est une raison préalable qui condamne l'emploi de CH^2O pour la dénaturation ; c'est la propriété qu'il possède de donner naissance à d'importantes quantités d'acide sous l'influence de la chaleur à l'abri de l'oxygène, sous l'action simultanée de la chaleur et de l'oxygène et enfin sous l'action de la chaleur à l'abri de l'air en présence de métaux.

Voici, du reste, ce qu'a écrit M. Sorel à ce sujet, dans son livre : *Carburation et combustion dans les moteurs à alcool*, où il étudie les résultats obtenus en soumettant successivement l'alcool méthylique, l'alcool éthylique, le formaldéhyde aux influences ci-dessus indiquées.

« L'alcool méthylique ne peut être incriminé qu'indirectement ; il donne un acide lorsqu'il se trouve décomposé, de façon à fournir beaucoup d'aldéhyde formique. L'alcool éthylique fournit normalement de l'acide. *Mais c'est l'aldéhyde formique qui est la source d'acidité la plus dangereuse* » (p. 242).

Et plus loin :

« L'alcool éthylique donne toujours lieu à une production d'acide.

« L'alcool méthylique donne des produits moins acidés, parfois neutres.

« *L'aldéhyde formique, une fois créée, fournit des produits très acides* » (p. 269).

D) Rappelons que, si l'on admet pour un instant que l'introduction dans l'alcool d'un radical CH^2 quelconque (réaction Trillat) soit le vrai critérium de la dénaturation, c'est-à-dire en comparant des mélanges dénaturants renfermant ou pouvant régénérer un même nombre de ces résidus méthyliques CH^2, la dénaturation par le formaldéhyde serait sensiblement plus coûteuse que celle par le méthylène-régie (*Revue de Chimie pure et appliquée*, 17 avril 1904).

E. Si l'on attache la moindre importance à la présence de l'alcool méthylique libre dans certaines liqueurs naturelles, on doit également retenir cet inconvénient à la charge de l'aldéhyde formique.

M. Trillat, en effet, a démontré (*Oxydation des alcools*, p. 62, 63) la transformation de l'aldéhyde en alcool méthylique, ce qui prouverait, dit-il : « En admettant l'exactitude des théories de Bœyer et Bach, que si l'on rencontre de l'alcool méthylique dans la nature, il peut provenir de la transformation du *formaldéhyde* à l'état naissant » (Trillat, *Oxydation des alcools*, p. 66).

M. Delépine, après avoir démontré que le trioxyméthylène, chauffé avec de l'eau sous pression, se transforme en acide carbonique, en alcool méthylique et en acide formique, a admis que ce fait pourrait servir à expliquer la présence de l'alcool méthylique et du *formaldéhyde* dans les végétaux.

Reinke, et d'autres auteurs, disent également

avoir constaté la présence de l'aldéhyde formique libre dans les produits obtenus par distillation du suc des parties vertes des végétaux.

Mais, même si le formaldéhyde n'existe pas à
l'état libre dans certains alcools, son emploi ne
saurait présenter de ce fait une supériorité sur
celui du méthylène.

Si l'on admet, en effet, *ce qui est loin d'être
démontré*, que l'alcool méthylique se rencontre
à l'état libre dans certaines liqueurs, on peut
affirmer que le méthylal se trouve à côté de lui,
comme les acétals à côté de l'aldéhyde acétique.
(Trillat, *Oxydation des alcools*), et que, par
conséquent, même sans oxydation préalable, il
sera possible d'obtenir la coloration bleue de
l'hydrol.

Dans ces conditions, on comprend qu'une coloration faible, obtenue directement par simple
condensation avec la diméthylaniline et traitement par le bioxyde de plomb, ne prouvera en
rien la présence du formaldéhyde, ajouté frau-
duleusement par addition d'alcool dénaturé,
puisqu'elle pourrait provenir du méthylal.

La vérité à ce sujet, et nous le démontrerons
plus loin, c'est que la présence, à l'état de traces
de formaldéhyde ou d'alcool méthylique dans
certaines liqueurs, ne doit pas entrer en question.

Etude de l'alcool méthylique. — A) De l'étude que le rapporteur a faite de ce dénaturant, il ressort :

1° Que le coût du méthylène est aujourd'hui nul, grâce au jeu de la ristourne ;

2° Qu'il n'est pas pratiquement séparable de l'alcool ;

3° Que, dans la distillation d'un alcool renfermant du méthylène, l'alcool méthylique se retrouve dans les divers fractionnements et que *la teneur de ces fractionnements en alcool méthylique est toujours en rapport avec la quantité de méthylène employée.*

Il semblerait que cette dernière observation devrait amener M. Lindet à demander le maintien de la dose massive, mais il n'en est rien et le rapporteur ne semble pas croire que les fraudeurs sauront profiter d'une réduction du quantum de méthylène dénaturant pour se mettre complètement à l'abri d'une condamnation en pratiquant la fraude par allongement, de telle sorte que le chimiste ne retrouverait dans le mélange qu'une dose de H.COOH trop faible pour que le service puisse sévir.

B) *Présence de l'alcool méthylique libre dans certaines liqueurs naturelles.*

Nous reproduisons, à ce sujet, ce que nous

écrivions dans la *Revue de chimie pure et appliquée*, du 17 avril 1904.

Il y a déjà plusieurs années que, pour la première fois, certains auteurs ont signalé, dans des liqueurs naturelles, avec la diméthylaniline, la réaction bleue caractéristique de l'hydrol.

M. Trillat (*Bulletin de l'Association des Chimistes de Sucrerie et de Distillerie*, 1900) a recherché la présence de l'alcool méthylique dans 96 échantillons de liqueurs, et ne l'ayant rencontré que dans 4 échantillons d'eau-de-vie de marcs a conclu que « les liqueurs naturelles ou composées ne contiennent pas d'alcool méthylique ».

M. Wolff (*Annales de Chimie analytique*, 1901, p. 167) a découvert l'alcool méthylique dans certains alcools obtenus par la fermentation des jus de prunes, de mirabelles, de cerises, de pommes, parfois dans certaines eaux-de-vie naturelles, mais rarement dans les eaux-de-vie de bonne qualité et jamais dans les rhums, les eaux-de-vie de grains, de pommes de terre et les alcools d'industrie.

MM. Sanglé-Ferrière et Cuniasse (*Analyse des absinthes*, 1902, p. 37) écrivent : « Les alcools de vin contiennent presque tous de l'alcool méthylique en très faible proportion ».

Le premier problème qui se pose, en présence de l'opinion divergente des auteurs, est celui-ci :

Est-ce bien de l'alcool méthylique libre dont la présence a été décelée dans certaines liqueurs ; ne sont-ce pas plutôt des combinaisons de cet alcool (éthers, essences) ou même le formaldéhyde lui-même) ?

Les études faites jusqu'à ce jour sur ce sujet ne sont pas assez concluantes pour permettre de répondre d'une façon absolue, mais les faits suivants nous semblent militer en faveur de la seconde hypothèse.

Walbaum a signalé la présence de l'éther méthylique de l'acide anthranilique (*Bericht*, 32, p. 1512) dans l'essence de néroli, puis dans l'essence de mandarines (*Journal für praktische Chemie*, p. 62, 135).

Albert Hesse (*Bericht*, 36, p. 1459), a décelé le même éther dans les fleurs fraîches de tubéreuse, ainsi que le salicylate de méthyle dans la même essence après enfleurage.

F.-W. Traphagen et Edmond Burke (*American Society*, 1903, p. 242-244), qui ont rencontré l'acide salicylique dans des fraises, framboises, mûres, raisins de Corinthe, prunes, cerises, raisins, pommes, etc., ont émis l'opinion que cet acide n'existe pas dans les fruits cités à l'état libre, mais sous forme d'*éther méthylique*.

MM. Sanglé-Ferrière et Cuniasse (*Analyses des absinthes*, 1902) ont constaté que la faible quantité d'alcool méthylique trouvée par eux dans la plupart des alcools de vins était facilement fixée par un traitement au noir, alors que cette fixation ne se produit jamais avec l'alcool méthylique libre (?).

Plusieurs essais pratiqués par nous-mêmes nous ont également démontré que si l'on filtre sur du noir de l'alcool auquel ont été ajoutés des éthers méthyléniques de M. Trillat, la réaction bleue de l'hydrol est beaucoup moins caractéristique après filtration qu'avant, ce qui confirmerait les résultats obtenus par MM. Sanglé-Ferrière et Cuniasse.

Rappelons les théories de Bœyer et Bach d'après lesquelles le carbone naissant et l'eau s'uniraient dans les plantes, sous l'action de la radiation solaire, pour donner naissance à de l'aldéhyde formique qui se polymériserait ensuite jusqu'à la formation du saccharose, l'aldéhyde formique étant ainsi le premier terme de la synthèse des hydrates de carbone.

Et c'est ce qui a permis à M. Trillat d'écrire (*Oxydation des alcools*, p. 62 et 63) : « Si la présence de l'alcool méthylique a été constatée dans certains végétaux, il serait rationnel d'admettre que l'aldéhyde formique puisse y exister. Nous avons vu, en effet, avec quelle facilité l'alcool méthylique pouvait être oxydé sous l'influence de contact d'un grand nombre de corps. Toutefois, nous pensons que le formaldéhyde ne pourrait exister dans les végétaux qu'à l'état de combinaison ».

On voit que, dans ce cas, M. Trillat subordonne, à la présence de l'alcool méthylique, celle du formaldéhyde, mais comme le même auteur a également démontré la transformation de l'aldéhyde formique en alcool méthylique (*Oxydation des alcools*, p. 66), rien ne s'oppose à croire que *c'est le formaldéhyde et non l'alcool méthylique qui préexiste dans les végétaux, soit à l'état libre, soit à l'état de combinaison.*

Les contradictions des auteurs sur la question sont, du reste, de nature à confirmer notre hypothèse.

M. Trillat et M. Wolff, en effet, qui n'ont trouvé l'alcool méthylique que dans un petit nombre de liqueurs, ont adopté comme oxydant de l'alcool examiné le bichromate de potasse et l'acide sulfurique, alors que MM. Sanglé-Ferrière et Cuniasse, qui l'ont rencontré dans presque tous les alcools de vin, ont fait appel à l'oxydation par le permanganate de potasse.

N'est-on pas en droit de se demander si, dans le second cas, l'oxydation n'a pas été plus énergique et, par conséquent, plus complète, la décomposition des éthers ou essences susceptibles de régénérer des radicaux CH^2 donnant, avec le diméthylaniline, une réaction colorée ?

S'il en était ainsi, ce ne serait donc plus l'alcool méthylique qui existerait à l'état libre, mais bien des éthers méthyléniques.

Du reste, toutes les remarques précédentes nous paraissent conduire à la même conclusion.

Cependant, même si nous admettons pour un instant que ce soit bien l'alcool méthylique qui ait été décelé par MM. Wolff, Trillat, ou Sanglé-Ferrière et Cuniasse, il nous est facile de démontrer que la présence de cet alcool dans les liqueurs n'est pas de nature à provoquer l'abandon du méthylène comme agent de dénaturation.

La question, en effet, devient alors une simple question quantitative, et la diversité des opinions des différents chimistes cités suffit, à elle seule, à prouver que si l'alcool méthylique existe à l'état naturel dans certains alcools, ce n'est qu'à des doses extrêmement faibles.

C'est ainsi que M. Trillat, quoique ayant constaté la présence de l'alcool méthylique dans plusieurs échantillons d'eaux-de-vie de marcs, n'a pas hésité à conclure que « la présence de l'alcool méthylique dans les liqueurs du commerce doit être considérée comme une fraude », et MM. Sanglé-Ferrière et Cuniasse, après avoir écrit que « les alcools de vin contiennent presque tous de l'alcool méthylique en très faible proportion », ont immédiatement ajouté : « proportion qu'on ne saurait confondre avec la quantité beaucoup plus grande que l'on rencontre dans l'alcool dénaturé revivifié » (*Analyse des absinthes*, p. 37).

Donc, s'il est vrai, comme l'Administration l'a souvent déclaré, qu'il n'est pas possible de condamner un fraudeur lorsque l'analyse ne révèle que la présence d'une petite quantité de méthylène dans l'alcool de bouche, parce que cet alcool a pu être infecté de méthylène pour différentes raisons et, en particulier, par son passage dans les récipients ayant contenu de l'alcool dénaturé, on constate que les travaux de MM. Wolff, Sanglé-Ferrière, Cuniasse et Trillat mènent à une seule conclusion : *le maintien de la dose massive.*

Quel autre raisonnement en effet, pourrait-on faire que le suivant ?

De faibles proportions d'alcool méthylique dans un alcool, provenant, soit de la présence naturelle de l'alcool méthylique dans les liqueurs, soit du passage de l'alcool examiné dans un récipient ayant renfermé de l'alcool dénaturé, ne permettent pas d'obtenir la condamnation du fraudeur, par conséquent, employons pour la dénaturation une dose de dénaturant telle que l'expert retrouvera toujours des quantités dosables de méthylène qui ne pourront pas être confondues avec celles pouvant exister normalement dans un alcool.

Ajoutons que, dans le cas de fraude, le chimiste retrouvera toujours, à côté de l'alcool méthylique, l'acétone et les impuretés pyrogénées entrant dans la composition du méthylène type régie et qu'il lui sera possible, si des expériences suivies prouvent, comme nous le croyons, que l'alcool méthylique n'existe dans les liqueurs qu'à l'état de combinaison, de différencier l'alcool revivifié de l'alcool naturel en filtrant les liqueurs sur le noir et en comparant les réactions colorées obtenues avant et après cette filtration.

Il ne faut donc pas prétendre que l'Administration est désarmée, car ce raisonnement aurait même valeur que celui qui consisterait à dire que la justice n'a plus d'armes contre les empoisonneurs depuis que les remarquables travaux de M. Gautier et de M. Bertrand ont démontré la présence naturelle de l'arsenic dans l'organisme.

Le problème, nous le répétons, est simplement modifié quantitativement, et, si paradoxal que cela puisse paraître, on peut conclure que la réaction de M. Trillat est trop sensible et que si l'Administration ne veut pas courir les risques de retrouver partout des radicaux CH^2, elle n'a qu'à revenir à la méthode de dosage de Riche et Bardy, dont le degré de sensibilité est insuffisant pour être applicable à des doses de méthylène inférieures à $\frac{1}{200}$, c'est-à-dire comparables à celles des éthers méthyléniques qui pourraient exister dans les alcools à l'état naturel.

Nous devons aussi poser la question suivante qui n'a pas encore été élucidée complètement : certains produits qui prennent naissance durant la fermentation des jus de fruits ne sont-ils pas de nature à donner, par oxydation, la coloration bleue de l'hydrol, tout comme l'alcool méthylique ?

Si nous cherchons à résumer l'étude que nous venons de faire des trois dénaturants précités nous obtiendrons un tableau tel que celui de la page suivante.

Étude de la formule de dénaturation de M. Lindet. — Pour remplacer 10 litres de méthylène-régie et 0^l,5 de benzine-régie. M. Lindet propose :

$2^l,5$ de méthylène-régie ;

$o^l,5$ de benzine ;

$o^l,5$ de formol à 33 $\%$ de HCOH ;

$o^l,25$ de pyridine ;

Tableau comparatif des dénaturants

Bases pyridiques	Formaldéhyde	Méthylène régie
Séparables de l'alcool. Résinification des mèches.	Séparable de l'alcool. Attaque des parties métalliques des appareils.	Inséparable de l'alcool.
Odeur écœurante.	Action dange-reuse sur les muqueuses.	Saveur nauséeuse sans odeur in-supportable.
Prix élevé et production limitée.	Plus coûteux que le méthylène à introduction dans l'alcool d'un nombre égal de radi-caux CH.	Prix élevé mais sans impor-tance, grâce au jeu de la ris-tourne.

c'est-à-dire qu'il demande le remplacement de $10 - 2,5 = 7$ litres 5 de méthylène par $o^l,5$ de formol et $o^l,25$ de pyridine ce qui, à première vue ne saurait donner les mêmes garanties au Trésor.

On ne saurait, en effet, prétendre que $7^l,5oo$ de méthylène-régie renfermant :

$4^l,5oo$ de HCH^2OH ;

$1^l,875$ de CH^3COCH^3 ;

$0^l,187$ d'impuretés

pourraient être remplacés, à efficacité dénaturante égale, par :

$$\frac{0,5 \times 33}{100} = 0,165 \text{ de } HCOH$$

et $0,5$ de pyridine ; puisque les $4^l,5oo$ de HCH^2OH *sont pratiquement inséparables de l'alcool* et que, simplement au point de vue quantité, ils ont une valeur de près de 3o fois supérieure à celle de $0^l,165$ de $HCOH$ *facilement éliminables* et que $1^l,875$ d'acétone valent, toujours au point de vue quantité, plus de 3o fois plus que $0,5\ ^0/_0$ d'huiles de pyridine.

Mais il y a mieux que ce simple raisonnement pour démontrer que la formule de M. Lindet, réduit, dans de fortes proportions, les garanties de l'Administration.

Recherchons, en effet, comment un fraudeur pourrait régénérer un alcool dénaturé à l'aide du nouveau mode de dénaturation et comparons les résultats qu'il pourrait ainsi réaliser avec ceux qu'il obtiendrait dans le cas d'un alcool dénaturé à $10\ ^0/_0$ de méthylène. Il opérera comme suit :

A) *Formule Lindet.* — 1° Traitement de l'alcool dénaturé par la benzine ou le tétrachlorure de carbone et l'eau salée ce qui lui permet d'éliminer : benzine, pyridine, impuretés, acétone.

2° Distillation de la solution alcoolique ainsi obtenue et élimination complète à $\frac{1}{30\,000}$ près du formol.

3° Allongement de l'alcool, avec de l'alcool bon goût, de façon à ce que l'on ne retrouve plus dans le mélange que des traces de $H\,CH^2\,OH$ insuffisantes pour obtenir une condamnation.

B) *Formule actuelle.* — 1° Traitement par la benzine et l'eau salée.

2° Distillation de la solution salée alcoolique qui laisse intacte dans le distillatum la totalité de l'alcool méthylique.

3° Allongement.

Comparons ces deux opérations au point de vue du bénéfice qu'en retirera le fraudeur et supposons, pour simplifier les calculs, que les traitements à la benzine et à l'eau salée et que la distillation s'élèveront au même prix dans les deux cas.

Il ne reste donc que les frais d'allongement, et le tableau de la p. 118 indique les quantités d'alcool pur qu'il faudrait ajouter à 1 hectolitre d'alcool dénaturé pour obtenir, dans les deux cas, un mélange renfermant moins de 0,2 $^0/_0$ d'alcool méthylique, c'est-à-dire la proportion que le Laboratoire du Ministère des Finances considère comme étant une limite de sensibilité du procédé de dosage de M. Trillat.

Actuellement le fraudeur est obligé de faire un débours de 15 500 francs et de pratiquer un mélange de 33 hectolitres pour réaliser un bénéfice de 415 francs, représentant 2,77 $^0/_0$ du capital engagé. Avec une dose réduite à 2,5 $^0/_0$, il réaliserait le même bénéfice de 415 francs, en n'ayant à mélanger que 7 hectolitres d'alcool et à débourser que 2 770 francs. Son gain serait alors égal à 15 $^0/_0$ du capital engagé.

Le fraudeur verra donc pour une dose réduite de 10 à 2 $^1/_2$ $^0/_0$ son bénéfice presque quintupler.

Et qu'on ne dise pas que cette fraude est impraticable parce qu'elle nécessite un important matériel, car si le fraudeur se contente de régénérer par jour 20 ou 30 litres d'alcool, ce qui lui assurera déjà un bénéfice intéressant, il pourra facilement obtenir le résultat cherché dans une simple cuisine, en ayant pour tout appareil distillatoire un ou plusieurs bidons à essence et comme condenseurs des tuyaux de plomb ou d'étain qu'il refroidira avec des linges

COMPARAISON DE LA FRAUDE AVEC 10 $^0/_0$ ET 2,5 $^0/_0$ DE MÉTHYLÈNE

Dose de méthylène	10 $^0/_0$	2,5 $^0/_0$
Alcool dénaturé	1 hectol. à 40^{fr} = 40	1 hectol. à 40^{fr} = 40
Alcool bon goût à ajouter	32 " à 40 = 1 280	6 " à 40 = 240
Droits dans Paris.	32 " à 415 = 13 280	6 " à 415 = 2 490
Coût du mélange	33 hectol. pour. . 15 500	7 hectol. pour . . 2 770
Alcool méthylique contenu dans le mélange	0,16 $^0/_0$	0,20 $^0/_0$
Bénéfice du fraudeur	415^{fr}	415^{fr}
Bénéfice par rapport au capital engagé.	2,77 $^0/_0$	15 $^0/_0$

mouillés. Quelques tonneaux achèveront son installation qui attirera difficilement l'attention des indicateurs.

Nous nous demandons même comment le rapporteur peut conclure *a priori* que la fraude sur le vin étant plus répandue que celle consistant à tenter la régénération ou l'allongement de l'alcool dénaturé, il y a lieu d'adopter une formule simplifiée de dénaturation ; car si vraiment la fraude par revivification et par allongement est aujourd'hui inconnue, la raison en est, nous l'avons signalé plus haut, que la dose de 10 % de méthylène est assez forte pour empêcher le fraudeur de retirer un bénéfice quelconque d'une opération qui nécessiterait la mise en œuvre de très grandes quantités d'alcool bon goût.

M. Lindet rappelle, à ce sujet, que M. Troost a reconnu, dans son rapport du 22 juillet 1899, que si l'on ne craignait pas la fraude par dilution, on pourrait faire descendre à 2 % la proportion de méthylène et ajoute : « Cette fraude par dilution est réprimée par l'emploi du formol et des infectants ».

Nous avouons ne pas comprendre, car nous avions toujours pensé que la fraude par dilution ne trouvait son application réelle que lorsque le dénaturant, pratiquement inséparable de l'alcool, était employé à dose assez réduite pour rendre la dite fraude intéressante.

Comment donc ne pas penser immédiatement, puisque le formol est éliminable, que la dilution pourrait être pratiquée avantageusement dans le cas de la réduction de la dose massive de méthylène et en raison directe de cette réduction. Il ne sert à rien, en effet, de multiplier, dans l'alcool dénaturé, la présence de produits infectants s'ils sont tous facilement éliminables.

Ce qu'il faut, en effet, pour que l'Administration ait toute sécurité, c'est que son dénaturant ne puisse pas être séparé de l'alcool et que sa composition soit telle que son goût désagréable ne puisse pas être masqué par des essences.

Pourquoi donc remplacer ou modifier le méthylène-régie qui remplit ces conditions mieux qu'aucun autre corps puisque l'alcool méthylique qu'il renferme ne saurait être éliminé et que l'acétone et les impuretés auxquelles est encore ajouté un demi-litre de benzine, rendent l'alcool dénaturé imbuvable ?

Serait-il possible, la quantité d'alcool méthylique restant constante, de remplacer avantageusement les impuretés, l'acétone et la benzine ?

Nous ne le croyons pas, car, si, comme nous l'avons démontré, la pyridine est éliminable de l'alcool, la seule raison qui pourrait la faire préférer aux autres infectants serait son prix de revient plus réduit.

Quel intérêt pourrait-il donc y avoir à remplacer la benzine qui ne coûte que 45 francs les 100 kilogrammes, qui rend l'alcool imbuvable sans lui donner une odeur repoussante, qui se fabrique en grandes quantités en France, par les bases pyridiques dont le prix minimum serait de 250 francs, dont l'odeur est susceptible d'entraver l'emploi de l'alcool dénaturé, dont la production est très restreinte et pour l'obtention desquelles nous serions tributaires de l'étranger ?

Mais si le remplacement du dénaturant actuel ne présente aucun intérêt au point de vue du prix de revient de la dénaturation, il y a lieu de rechercher :

1° S'il y a lieu de réduire la dose de méthylène-régie actuellement employée :

2° Si une réduction, comme du reste une modification dans le genre de celle proposée par M. Lindet, serait de nature à aider au développement des emplois industriels de l'alcool.

A) Est-il possible, sans inconvénient, de réduire la dose de méthylène-régie ?

Nous avons démontré les dangers de la fraude par allongement, qui à eux seuls militent en faveur du maintien de la dose massive, mais la simple étude du tableau des mélanges dénaturants employés dans les différents pays et qui tous comportent l'alcool méthylique, nous conduit à la conclusion suivante : le quantum de méthylène doit varier :

1° Proportionnellement à l'importance des droits frappant les alcools de consommation de bouche ;

2° En raison inverse de la sévérité de la loi à l'égard des fraudeurs.

C'est ainsi qu'en Allemagne, où le droit sur l'alcool ne s'élève qu'à 112^{fr},5o, la dose de méthylène dénaturant n'est que de 2 %, alors qu'en Angleterre où le droit frappant l'alcool de bouche est de près de 5oo francs elle atteint 11 % et en Hollande, 15 %.

Ajoutons qu'en Angleterre la réglementation de la vente de l'alcool dénaturé est très sévère, presque prohibitive, et que l'Allemagne, dont on nous a si souvent donné l'exemple, possède un régime fiscal qui n'a aucun rapport avec le nôtre.

L'administration de l'accise, en effet, a, en Allemagne, comme garantie, des pénalités qu'il serait impossible d'appliquer en France où l'on connaît les nombreuses démarches qui entravent l'action de la loi lorsqu'un fraudeur est pris en flagrant délit.

En outre, la séparation complète des pouvoirs exécutif et législatif permet en Allemagne l'application stricte d'une législation si draconienne qu'elle suffirait à elle seule à empêcher la fraude.

On ne saurait donc demander à notre administration de réduire son seul moyen de défense efficace, le méthylène à haute dose, alors qu'elle n'a pas à sa disposition, comme contre-partie, les graves pénalités et l'esprit de discipline de l'Allemagne.

Et c'est cependant ce que fait M. Lindet puisque sa formule ne diffère réellement de la formule allemande que par $0,5\ ^0/_0$ de méthylène.

B) Est-ce au faible coût du dénaturant qu'est dû l'essor rapide des emplois industriels de l'alcool sur le territoire de l'Allemagne ?

S'il en était ainsi, moins la dénaturation serait coûteuse au dénaturateur et plus devrait s'élever la consommation de l'alcool dénaturé.

Or, comme nous avons vu que, grâce au jeu de la ristourne, le coût de la dénaturation est nul en France, alors qu'il dépasse, en Allemagne,

2^{fr},5o par hectolitre et que, malgré cela, la vente de l'alcool dénaturé n'atteint pas, dans notre pays, 370 000 hectolitres contre 1 000 000 d'hectolitres en Allemagne, on en conclut qu'en France, *le prix du dénaturant n'a aucune importance et que ce n'est pas dans ce prix qu'il faut rechercher les causes du développement trop lent des emplois de l'alcool pour l'industrie, l'éclairage ou le chauffage.*

La véritable raison qui permet d'expliquer que chaque Français ne consomme qu'un litre d'alcool dénaturé alors que chaque Allemand en emploie deux, réside : 1° dans le plus grand développement de l'industrie chimique en Allemagne qu'en France ; 2° dans ce fait que les distillateurs allemands ont su faire taire leurs intérêts particuliers pour ne songer qu'à l'intérêt général, et constituer un vaste syndicat de production et de vente, la *Central für Spiritusverwerthung*, grâce auquel ils ont pu élever les prix de l'alcool de consommation de bouche, réduire d'autant ceux de l'alcool dénaturé et obtenir enfin la *fixité du prix* qui seule peut inciter les acheteurs à consommer de l'alcool régulièrement.

Le jour où nos distillateurs feront de même et où ils n'hésiteront pas à créer une caisse de publicité richement dotée, comme l'a fait la *Central*, ce jour-là il sera possible de voir la consommation de l'alcool dénaturé s'accroître dans de très grandes proportions. Mais ce n'est pas au moment où les chances de fraudes augmenteront du fait de la répartition dans le public de plus importantes quantités d'alcool dénaturé, qu'il faut amoindrir les armes qui sont aux mains de l'administration.

Elle a 35o millions de droits sur l'alcool à défendre, il lui faut donc un auxiliaire chimique sérieux et *non séparable* de l'alcool pour assurer le contrôle de l'emploi des alcools exempts de droits.

Ajoutons enfin que la diminution du coût de la dénaturation n'amènerait probablement pas une réduction du prix de vente de l'alcool dénaturé puisque (conformément à l'esprit de l'art. 59 de la loi de Finances) à une réduction du coût du dénaturant devrait immédiatement succéder une réduction proportionnelle de la ristourne et que, par conséquent, rien ne serait changé. Et même s'il n'en était pas ainsi, quelle influence pourrait avoir la diminution de prix de o^{fr},o5 par litre dont parle M. Lindet ?

Peut-être serait-il plus habile, dans l'espoir d'obtenir un prix de vente *fixe et réduit* de l'alcool dénaturé de demander franchement une augmentation de la ristourne en vue de la constitution d'une prime à l'alcool dénaturé. Le trésor aurait ainsi toute sécurité par le maintien de la dose massive de méthylène et les distillateurs toute satisfaction par la faculté qu'ils auraient de vendre à bas prix leurs alcools destinés aux emplois industriels.

CONCLUSION

De tout ce qui précède, c'est-à-dire :

1° De la valeur du méthylène-régie comme agent de dénaturation ;

2° De la gratuité de la dénaturation du fait de la ristourne de 9 francs ;

3° Du danger que présenterait pour l'État la diminution de la dose massive de méthylène par suite de la fraude par dilution ou l'emploi des autres dénaturants étudiés, étant donné qu'ils sont tous séparables de l'alcool ;

4° De l'entrave que le formaldéhyde apporterait aux usages industriels de l'alcool par suite des inconvénients, signalés par M. Sorel, que présente son emploi ;

5° Du fait des droits énormes que l'Administration de la régie doit défendre sans avoir à sa

disposition les mêmes règlements qu'en Angleterre ou les mêmes pénalités qu'en Allemagne.

Il en résulte que nous ne pouvons qu'ap-
prouver la Sous-Commission de l'alcool au ministère des Finances d'avoir considéré que *l'État
français doit posséder un système de dénaturation plus parfait que celui employé en Allemagne*, et d'avoir repoussé la formule proposée
par M. Lindet (R. Duchemin).

CHAPITRE VI

—

DISPOSITIONS GÉNÉRALES

(Lois, décrets, ordonnances, arrêtés, circulaires, etc., relatives à l'alcool dénaturé) (¹)

I

SECTION PREMIÈRE. — **Principes généraux.**

SECTION II. — **Quotité du droit et redevance.**

    1. *Droit de statistique.* — Loi du 2 août 1872, art. 4. Loi du 16 décembre 1897, art. 1. Loi du 29 décembre 1900, art. 15. Circulaire n° 423 du 29 décembre 1900.

    2. *Droit d'octroi.* — Loi du 2 août 1872. Loi du 31 mars 1903, art. 8.

    3. *Droit d'entrée.* — Les alcools dénaturés sont exonérés des droits d'entrée.

(¹) Pour tous les détails relatifs à ces questions, s'en référer au *Dictionnaire général des Contributions Indirectes*, P. Oudin, éditeur à Poitiers. Nous ne pouvons évidemment ici que résumer les titres des questions avec les lois, décrets, etc... qui s'y rattachent. M. Alla, commis principal des Contributions Indirectes a bien voulu vérifier ce travail et s'assurer qu'il correspondait à la situation actuelle.

4. *Redevance de* 0^{fr},80 *pour frais d'analyse et de surveillance.* — Loi du 16 avril 1895, art. 11. Circulaire n° 116 du 27 avril 1895. Circulaire n° 136 du 11 octobre 1895.

SECTION III. — **Industries pouvant bénéficier de la taxe de statistique. Différents emplois de l'alcool dénaturé.**

Circulaire n° 67 du 19 septembre 1872.

SECTION IV. — **Réglementation générale des alcools dénaturés.**

Loi du 16 septembre 1897, art. 6. Décret du 1er juin 1898. Circulaire n° 290 du 16 juin 1898.

SECTION V. — **Dispositions communes à tous les dénaturateurs.**

1. *Demande d'autorisation.* — Loi du 16 décembre 1897, art. 4. Décret du 1er juin 1898, art. 1er. Loi du 13 brumaire, an VII. Circulaire n° 290 du 15 juin 1898.

2. *Plan à fournir.* — Décret du 1er juin 1898, art. 1 et 2.

3. *Conditions exigées pour les installations. Communications intérieures. Alambics.* — Décret du 1er juin 1898, art. 4. Circulaire n° 290. Circulaire n° 314 du 30 avril 1881 ; *Cuves de dénaturation.* — Art. 5 du décret du 1er juin 1898. Circulaire n° 290. Circulaire n° 302 du 22 août 1898 ; *Agencement des ateliers et magasins. Cadenas.* — Art. 5 du décret de 1898. Circulaire n° 279 du 22 septembre 1879. Circulaire n° 290 ; *Visite des établissements et acceptation des installations.* — Art. 5 du décret de 1898. Circulaire n° 290.

4. *Obligations générales des dénaturations.* — Règlement du 1er juin 1898, art. 7 et 20. Circulaire n° 290. Art. 235 de la loi du 28 avril 1816.

II. Mode et conditions de dénaturation

SECTION PREMIÈRE. — Type de l'alcool à dénaturer.

> Loi du 2 août 1872. Décret du 1er mars 1893. Circulaire n° 61 du 25 juin 1893. Loi du 16 décembre 1897, art. 3. Circulaire n° 103 du 30 octobre 1894. Circulaire n° 375 du 30 décembre 1899. Circulaire n° 404 du 23 juillet 1900.

SECTION II. — Substances dénaturantes.

> **1.** *Fourniture du dénaturant par l'État.* — Loi du 16 décembre 1897, art. 4. Décret de 1898, art. 9. Loi du 15 février 1875. Loi du 2 août 1872. Circulaire n° 290 du 15 juin 1898.
>
> **2.** *Méthylène.* — Décisions du 1er mars 1893 et du 25 juillet 1894.
>
> **3.** *Formules de dénaturants.* — Formule générale : Décision ministérielle du 8 septembre 1897. Circulaire n° 234 du 29 septembre 1897. — Formules spéciales : Comité des Arts et Manufactures, 29 juillet 1874. Décret de 1898, art. 10.
>
> **4.** *Industries qui emploient la formule générale.*
>
> **5.** *Complément de dénaturation. Benzine. Résine.* — Décision du Comité des Arts et Manufactures du 1er mars 1893. Circulaire n° 103 du 30 octobre 1894.

SECTION III. — Formalités relatives à la dénaturation.

> *Déclaration de dénaturation.* — Décrets du 29 janvier 1881, art. 2 et du 1er juin 1898, art. 11 et 12. Circulaire n° 290 du 15 juin 1898. Circulaire n° 314 du 30 avril 1881.

SECTION IV. — Minimum des quantités d'alcool à dénaturer.

Circulaire n° 290 du 15 juin 1898. Décret du 29 janvier 1881, art. 13.

SECTION V. — Transport des alcools destinés à être dénaturés.

Décret du 29 janvier 1881, art. 14. Loi du 16 décembre 1897, art. 2. Circulaire n° 288 du 17 août 1843.

SECTION VI. — Emmagasinement des alcools chez les dénaturateurs et chez les fabricants de produits à base d'alcool dénaturé.

Décret du 29 janvier 1881. Circulaire n° 290 du 15 juin 1898. Circulaire n° 43 du 3 mars 1872, non applicable.

SECTION VII. — Faculté accordée aux petits industriels de recevoir des alcools méthylés.

Loi du 16 décembre 1897, art. 2. Décret de 1898, art. 17.

SECTION VIII. — Alcools récupérés et régénérés.

Décret du 29 janvier 1881, art. 19.

SECTION IX. — Surveillance des opérations de dénaturation.

1. *Présence des employés.* — Loi du 16 décembre 1897, art. 3. Décret précité, art. 11.

2. *Rôle du service.* — Décret du 29 janvier 1881. Circulaire n° 290 du 15 juin 1898. Circulaire n° 296 du 17 août 1880. Circulaire n° 375 du 30 novembre 1899. Circulaire n° 311 du 6 décembre 1898.

SECTION X. — Prélèvement d'échantillons.

Circulaire n° 61 du 25 juin 1898. Lettre connexe n° 86 du 2 juillet 1894.

1. *Nécessaire d'emballage des échantillons.* — Lettre C. n° 5o du 31 octobre 1892. Circulaire n° 61 précitée. Lettre C. n° 86 du 2 juillet 1894.

2. *Circonscription des laboratoires.* — Circulaire n° 461 du 23 septembre 1901.

3. *Envoi des échantillons. Colis postaux.* — Circulaire n° 61 du 25 juin 1898. Lettre C. n° 86 du 2 juillet 1894.

4. *Formules d'envoi* 20 *E.* — Circulaire n° 314 du 3o avril 1881. Circulaire n° 61. Lettre C. n° 86.

5. *Registre d'inscription des échantillons.* — Circulaire n° 61 du 25 juin 1898. Note autographe du 18 mars 1902.

6. *Analyse des échantillons.* — Circulaires n⁰ˢ 6 du 25 juin 1893 et 103 du 3o octobre 1894.

7. *Notification des analyses.* — Note autographe du 18 mars 1902, n° 2453.

8. *Conséquences produites par le résultat de l'analyse.* — Circulaire n° 61 du 25 juin 1893. Lettre lith. n° 431 du 23 mai 1902.

9. *Analyse préalable de l'alcool en nature et des substances dénaturantes.* — Lettre lith. n° 34471 du 29 décembre 1893. Circulaire n° 61 du 25 juin 1898. Circulaire n° 103 du 3 octobre 1894.

10. *Gratuité des échantillons prélevés chez les dénaturateurs d'alcool.* — Loi du 16 avril 1895. Décret du 29 janvier 1881, art. 21.

III. Dispositions diverses

SECTION PREMIÈRE. — **Tenue des comptes.**

Lettre n° 16 du 11 mars 1903. Loi du 19 juillet 1880, art. 8 à 12. Circulaire n° 304 du 9 décembre 1880. Circulaire n° 290 du 15 juin 1898.

1. *Pertes accidentelles.* — Circulaire n° 3o1 du 22 août 1898.

2. *Excédents. Tolérances pour l'embouteillage. —* Décision du 20 avril 1899.

3. *Conversion des quantités en alcool pur chez les dénaturateurs.* — Circulaire n° 301.

SECTION II. — Tenue, fourniture et représentation des registres.

Loi du 16 décembre 1897, art. 4. Règlement du 1er juin 1898. Circulaire n° 290 du 15 juin 1898.

SECTION III. — Communication des livres de commerce.

Loi du 16 décembre 1897, art. 4. Circulaire n° 290 du 15 juin 1898.

SECTION IV. — Perception des droit et redevance.

Décret du 1er juin 1898, art. 1er. Circulaire n° 116 du 27 avril 1895. Circulaire n° 290.

1. *Crédit des droits. Licence.* — Décret du 1er juin 1898, art. 25. Circulaire n° 314 de 1881. Circulaire n° 290 du 15 juin 1898. Circulaire n° 502 du 19 août 1902.

2. *Dénaturateurs non entrepositaires. Délai de dénaturation.* — Art. 26 du décret du 29 janvier 1881. Circulaire n° 314 du 30 avril 1881. Circulaires n°s 116 et 290.

SECTION V. — Caution.

Art. 27 du décret. Circulaire n° 290.

SECTION VI. — Exportation.

Circulaire n° 270.

SECTION VII. — Système des bons de commande.

Chambre des députés, séance du 29 mars 1899. Circulaire n° 331. Décret du 1er juin 1898, art. 28 et 36. Circulaire n° 290 du 15 juin 1898. Circulaire n° 449 du 15 mai 1901.

SECTION VIII. — **Remboursement des frais de dénaturation et perception de la taxe de fabrication.**

Loi de finances du 25 février 1901, art. 59, et du 30 mars 1902, art. 16. Circulaire n° 465 du 6 novembre 1901 et n° 416. Circulaire n° 523 du 22 avril 1903, n° 558 du 5 mars 1904. Circulaire des Douanes du 7 novembre 1901, n° 3 904.

SECTION IX. — **Renouvellement et révocation des autorisations de dénaturation.**

1. *Renouvellement annuel des autorisations.* — Loi du 16 décembre 1897, art. 4. Circulaire n° 290.

2. *Révocation des autorisations.* — Loi du 16 décembre 1897, art. 38. Circulaire n° 290.

3. *Cessation de la fabrication ou du commerce.*

SECTION IXbis. — **Interdiction de désinfecter ou de revivifier les alcools dénaturés.**

Circulaire n° 301 du 22 août 1898. Circulaire n° 290. Note 7 273 du 25 septembre 1902.

SECTION X. — **Pénalités.**

Loi du 21 juin 1873. Loi du 21 mars 1874, art. 3. Loi du 16 décembre 1897, art. 11. Cassation 23 janvier 1903, 19 octobre 1894.

IV. **Réglementation applicable aux alcools de chauffage et d'éclairage et aux alcools d'éclaircissage.**

SECTION PREMIÈRE. — **Obligations des préparateurs d'alcools de chauffage, d'éclairage et d'éclaircissage.**

Loi du 28 avril 1816, art. 235. Décret du 1er juin 1898, art. 24. Circulaire n° 423 du 23 décembre 1900. Réglement de 1898. Circulaire n° 290. Circulaire n° 381 du 30 janvier 1900.

SECTION II. — **Vente en gros et en détail des alcools de chauffage, d'éclairage et d'éclaircissage.**

Circulaire n° 290. Circulaire n° 449 du 15 mai 1901.

1. *Demande d'autorisation.* — Circulaire n° 290. Circulaire n° 301 du 22 août 1898.

2. *Interdiction de détenir des alcools dénaturés dans des locaux non déclarés.* — Décret du 1er juin 1898, art. 32.

3. *Justification des entrées en magasin.* — Décret du 1er juin 1898, art. 32.

4. *Installation des locaux.* Décret du 1er juin 1898, art. 33. Circulaire n° 290.

5. *Certificats d'autorisation.* — Décret du 1er juin 1898, art. 34.

6. *Registres de réception et de vente.* — Loi du 16 décembre 1897, art. 4. Circulaire n° 342 du 31 mai 1899.

7. *Réceptions, détentions et livraisons.* — Loi du 16 décembre 1897, art. 4. Réglement de 1898. Circulaire n° 492 du 26 avril 1902. Circulaire n° 290.

8. *Vente en détail.* — Décret du 1er juin 1898, art. 30.

9. *Approvisionnements des simples particuliers.* — Décret du 1er juin 1898. Circulaire n° 449 du 15 mai 1901. Circulaire n° 301 du 22 août 1898. Circulaire n° 331 du 14 avril 1899. Lettre autographe n° 4516 du 31 mai 1902. Circulaire n° 465 du 6 novembre 1901.

10. *Obligations générales des marchands en gros.* Décret du 1er juin 1898. Circulaire n° 290. Loi du 19 juillet 1880.

11. *Paiement des droits.*

12. *Prélèvements d'échantillons chez les marchands et débitants d'alcools de chauffage, d'éclairage et d'éclaircissage.* — Décret du 1er juin 1898, art. 21 et 37. Loi du 16 avril 1895. Circulaire n° 290.

13. *Prélèvements chez les débitants de boissons.* — Décret du 1er juin 1898, art. 37. Loi de 1897, art. 11.

V. Réglementation applicable aux fabricants de produits à base d'alcool dénaturé.

1. *Demande d'autorisation et pièces à fournir.* — Décret du 1er juin 1898, art. 1er, 10 et 23. Circulaire n° 314 du 30 avril 1881. Circulaire n° 290 du 25 juin 1898.

2. *Obligations générales.* — Décret du 1er juin 1898, art. 10, 11, 12.

3. *Minimum des quantités à dénaturer.* — Même décret, art. 13.

4. *Transformation des alcools dénaturés en produits achevés.* — Même décret, art. 18, 21.

5. *Alcools récupérés et régénérés.* — Même décret, art. 19. Circulaire n° 290.

6. *Visites et exercices.* — Même décret, art. 20.

7. *Opérations de dénaturation. Prélèvement des échantillons.* — Décret du 1er juin 1898. Loi du 16 avril 1895, art. 11.

SECTION II. — **Tenue des comptes.**

1. *Compte des alcools en nature.*

2. *Compte des alcools dénaturés.*

3. *Base de conversion.*

4. *Compte des alcools récupérés et régénérés.* — Circulaire n° 290.

5. *Compte des produits achevés.* — Circulaire n° 442 du 29 décembre 1900.

6. *Registre de fabrication.* — Circulaire n° 290.
7. *Frais de surveillance.* — Circulaire n° 290.
8. *Crédit des droits. Licence.* — Circulaire n° 290.
9. *Paiement des droits.* — Décret du 29 janvier 1881.
10. *Exportation.* — Circulaire n° 290.
11. *Dispositions diverses.*

VI. Alcools méthylés destinés à l'industrie

1. *Faculté de recevoir des alcools simplement méthylés.*
2. *Livraison des alcools méthylés.*
3. *Complément de dénaturation.* — Décret du 1er juin 1898, art. 18 et 21. Circulaire n° 290.

VII. Formalités à la circulation

Lois du 28 avril 1826 et du 28 février 1872.
1. *Alcools dénaturés pour les usages industriels (alcools méthylés).*
2. *Produits à base d'alcool dénaturé.* — Loi du 28 février 1872.
3. *Alcools de chauffage, d'éclairage et d'éclaircissage.* — Circulaire n° 301 du 22 août 1898. Circulaire n° 449 du 15 mai 1901.
4. *Automobilisme.* — Circulaire n° 342 du 31 mai 1899. Lettre autographe n° 9375 du 19 décembre 1902.

VIII. Procédés de dénaturation et dispositions spéciales aux vernis, éthers, alcools carburés, etc.

SECTION PREMIÈRE. — **Vernis ordinaires et teintures pour vernis.**

Séances du Comité des Arts et Manufactures des 13 juin 1894, 28 juillet 1897, 19 juillet 1899. Circulaire du 11 septembre 1899 n° 364. Lettre de l'administration au Directeur de la Seine du 7 juillet 1873.

SECTION II. — **Alcools dits d'éclaircissage.**

SECTION III. — **Vernis spéciaux pour l'ébénisterie, la lutherie, la chapellerie, etc.**
Décision du Comité du 18 janvier 1873.

SECTION IV. — **Alcools de chauffage ou d'éclairage.**

    1. *Alcools carburés.* — Circulaire n° 342 du 31 mai 1899. Avis du Comité des Arts et Manufactures du 27 septembre 1899. Décision ministérielle du 21 octobre 1899. Circulaire n° 371 du 24 octobre 1899. Circulaire n° 449 du 15 mai 1901.

    2. *Alcools solidifiés.* — Avis du Comité des Arts et Manufactures du 27 septembre 1894. Circulaire n° 371 du 24 octobre 1899.

SECTION V. — **Éthers simples ou composés.**
Circulaire n° 381 du 20 novembre 1883.

    1. *Procédé général de dénaturation des alcools employés à la préparation des éthers simples ou composés.* — Décisions du Comité des Arts et Manufactures du 18 août 1883, du 22 octobre 1873, du 18 janvier 1873.

    2. *Procédé de dénaturation admis pour les alcools employés à la préparation des éthers lorsqu'il s'agit d'une première fabrication.*

    3. *Résidus d'éther. Type réglementaire.*

    4. *Échantillons à prélever.* — Circulaire n° 61 du 25 juin 1893.

    5. *Tenue des comptes chez les fabricants d'éther.*— Décret du 1er juin 1898 art. 20. Circulaire n° 422 du 29 décembre 1900.

SECTION VI. — **Régime fiscal des éthers à bas degrés.**

Circulaire n° 422 du 29 décembre 1900. Décisions ministérielles des 10 février et 19 septembre 1900.

1. *Production des éthers à bas degrés.* — Circulaire n° 422 du 29 décembre 1900. Décret du 1er juin 1898, art. 22. Circulaire n° 223 du 2 novembre 1877.

2. *Formalités à la circulation.* — Loi du 28 février 1872, art. 4.

3. *Constatation et paiement des droits.* — Circulaire n° 290 du 15 juin 1898. Loi du 16 avril 1895. Circulaire n° 116 du 16 avril 1895.

4. *Éthers à bas degrés employés à des usages industriels.* — Avis du Comité des Arts et Manufactures du 27 décembre 1899. Circulaire n° 290. Décret du 1er juin 1898, art. 22 et 23.

SECTION VII. — **Éthers bromhydrique, iodhydrique, nitrique, chlorhydrique et dérivés, éthylate de soude.**

1. *Éther bromhydrique (bromure d'éthyle).* — Circulaires n°s 369 du 25 mai 1883 et 558 du 10 juillet 1889.

2. *Éther iodhydrique (iodure d'éthyle).*

3. *Éthylate de soude (alcool sodé).*

4. *Éther chlorhydrique et dérivés.* — Circulaire n° 333 du 26 avril 1899. Circulaire n° 369 du 25 mai 1883.

SECTION VIII. — **Produits dont la fabrication constitue la dénaturation réglementaire de l'alcool.**

1. *Chloral et hydrate de chloral.* — Avis du Comité des Arts et Manufactures du 2 novembre 1881.

2. *Chloroforme.* — Séance du Comité des Arts et Manufactures du 3 novembre 1886. Circulaire n° 461 du 16 décembre 1886.

3. *Chloral cristallisé.* — Circulaire n° 424 du 28 février 1885.

4. *Collodion.* — Circulaires n°ˢ 337 et 461.

5. *Présure liquide.* — Décisions du Comité des 1ᵉʳ juillet et 11 novembre 1874 et du 13 juin 1894.

6. *Aldéhyde.* — Décisions du Comité du 9 avril 1873, du 11 novembre 1874 et du 13 juin 1894.

SECTION IX. — **Médicaments.**

Décision du Comité du 18 janvier 1873. Circulaire n° 223 du 2 novembre 1877.

SECTION X. — **Alcaloïdes et extraits pharmaceutiques.**

Décisions du Comité des 9 avril 1873, 13 octobre 1875, 2 novembre 1898. Circulaire n° 223 du 2 novembre 1877.

SECTION XI. — **Insecticides, savons transparents, fulminate de mercure, matières plastiques, teinturerie, chapellerie, couleurs.**

SECTION XII. — **Épuration des huiles.**

Décision du Comité du 18 juin 1890.

SECTION XIII. — **Parfumerie.**

Décision du Comité du 9 avril 1873.

IX. Régime de Paris

Circulaire n° 314 du 30 avril 1881 et décret de 1898, art. 3.

X. Importation de produits à base d'alcool

Circulaire n° 17 du 27 janvier 1892. Loi du 7 mai 1881. Circulaire n° 370 du 26 mai 1883.

1. *Produits passibles du droit de consommation.* — Circulaire n° 370 du 26 mai 1883.

2. *Produits passibles du droit de statistique.* — Tarif publié en 1897 par l'Administration des Douanes.

3. *Produits exempts de la taxe intérieure.*

SECTION PREMIÈRE. — Constatation et perception des droits.

Circulaire n° 225 du 9 août 1897. Circulaire n° 136 du 11 octobre 1895. Circulaire n° 465 du 6 novembre 1901.

XI. Alcool méthylique consommable. Conditions auxquelles il peut être employé en franchise dans l'industrie.

SECTION PREMIÈRE. — Dispositions générales.

Loi du 16 décembre 1847, art. 5. Décret du 16 août 1900. Circulaire n° 413 du 1er septembre 1900.

SECTION II. — Demandes. Autorisations.

Décret du 16 août 1900. Circulaire n° 413.

SECTION III. — Installation et agencement des ateliers et magasins.

Décret du 16 août 1900, art. 2. Circulaire n° 413.

SECTION IV. — Procédés de dénaturation et conditions dans lesquelles les opérations de dénaturation doivent être effectuées.

Décret du 16 août 1900. Circulaire n° 413.

SECTION V. — Transport des alcools méthyliques destinés à être dénaturés.

Décret du 16 août 1900. Circulaires n°s 413 et 290.

SECTION VI. — Tenue des comptes. Registre de fabrication.

Décret du 16 août 1900. Circulaire n° 413 du 1er septembre 1900.

SECTION VII. — Dispositions diverses.

Décret du 16 août 1900. Circulaire n° 413 du 1er septembre 1900.

SECTION VIII. — Contraventions et pénalités.

Circulaire n° 413 du 1er septembre 1900.

SECTION IX. — Relevé des décisions prises par le Comité consultatif des Arts et Manufactures.

1. *Type de l'alcool méthylique consommable.* — Décision du 14 mars 1900.

2. *Rôle du Comité consultatif des Arts et Manufactures.* — Décision du 14 mars 1900.

3. *Procédé général de dénaturation de l'alcool méthylique.* — Décision du 12 juin 1901.

4. *Frais de surveillance.* — Décision du 3 avril 1901.

5. *Médicaments.* — Décision du 6 mars 1901.

6. *Teinturerie.* — Décision du 24 juillet 1901.

7. *Collodion.* — Décision du 1er mai 1901.

8. *Produits pharmaceutiques.* — Décision du 12 juin 1901. 3 avril 1901.

XII. Comptabilité et statistique

Lettre autographe n° 9500 du 22 juillet 1897. Lettre comm. du 27 septembre 1872. Lettre lith. n° 8294

du 3o juin 1900. Lettre comm. du 27 septembre
1898. Circulaire n° 413 (¹).

(¹) Pour tous les commentaires, développements divers relatifs à ces lois, décrets, règlements, circulaires, etc., consulter l'excellent article intitulé : *Dénaturation des alcools éthylique et méthylique.* Diction.
général des Contributions Indirectes, col. 772 à 840.
P. Oudin, éditeur à Poitiers.

CHAPITRE VII

—

COMMISSION EXTRA-PARLEMENTAIRE DES ALCOOLS

(Composée par décret du 31 octobre 1902)

2ᵉ SOUS-COMMISSION

ALCOOL DÉNATURÉ

Programme

Emplois industriels de l'alcool.
Question du dénaturant. Formalités de Régie.

MEMBRES DE LA 2ᵉ SOUS-COMMISSION

Président :

M. Dupuy (Jean), sénateur, ancien ministre de l'agriculture.

Vice-Présidents :

MM. Klotz, député; Viger, sénateur, ancien ministre de l'agriculture.

Secrétaire administratif :

M. Sébastien, sous-chef de bureau à la Direction générale des Contributions indirectes.

Secrétaires administratifs adjoints :

MM. d'Esgrigny d'Herville, rédacteur principal à la Direction générale des Contributions indirectes ; Tombeck, docteur ès sciences, préparateur à la Faculté des Sciences de Paris.

Membres :

MM.

Baudin, député, ancien ministre des travaux publics ;

F. Bernard, chef de service de l'Inspection générale des Finances ;

Berthelot, sénateur, ancien ministre des affaires étrangères ;

Bersez, député ;

Bloch, directeur de la comptabilité au Ministère des colonies ;

Blonde, ancien président de la Chambre syndicale du commerce en gros des vins et spiritueux à Bercy ;

Bordas, chef des laboratoires du Ministère des finances (nommé pendant les travaux de la Commission en remplacement de M. de Luynes) ;

Brunet, conseiller d'Etat, directeur général des Douanes ;

Cousin, directeur du commerce au Ministère du commerce ;

Dabat, directeur de l'Hydraulique agricole ;

Degeilh, administrateur des Contributions indirectes ;

Delaune, député ;

Delamotte, inspecteur des finances, chef du service de statistique au Ministère des finances ;

Denis de Lagarde, inspecteur général des finances ;
Dron, député ;
Jobert, inspecteur général des finances ;
Lindet, professeur à l'Institut national agronomique ;
Martin, conseiller d'État, directeur général des Contributions indirectes ;
Mascart, membre de l'Institut ;
Moreau, inspecteur des finances, directeur du Cabinet du Président du Conseil ;
Noël, député ;
Pagès, fabricant de produits chimiques ;
Petit, président du Syndicat de la distillerie agricole ;
Prunier, professeur à l'École de pharmacie, membre de l'Académie de médecine ;
Schlœsing, membre de l'Institut ;
Tardit, maître des requêtes au Conseil d'Etat :
Troost, membre de l'Institut, président de l'Académie des sciences ;
Varenne, expert-chimiste, docteur de l'Université de Paris, ancien préparateur à la Faculté de médecine ;
Vassilière, directeur de l'agriculture au Ministère de l'agriculture ;
Villejean, député.

<h3 style="text-align:center">Résumé des travaux
de la 2ᵉ Sous-Commission (¹)</h3>

1ʳᵉ séance du 5 juin 1904 ; Séance du 27 février 1904 ; Séance du 23 novembre 1904 : *Rapport de M. Delaune.*

(¹) Tous ces points sont développés dans le remarquable *Rapport général* fait au nom de la *Commission extra-parlementaire des alcools*, par M. Paul TAQUET, Secrétaire général et Rapporteur général (p. 409 à 462). Bibliothèque nationale 1906. vol. in-4° de 774 pages.

— Séance du 16 juin 1903 ; Séance du 30 juin 1903 ; Séance du 17 novembre 1903 ; Séance du 25 novembre 1903 : *Rapport Bordas sur les procédés Trillat.* — Séance du 4 décembre 1903 ; Séance du 18 décembre 1903 : *Rapport Pagès sur le méthylène.* — Séance du 22 janvier 1904 : 2e *Rapport Bordas sur les procédés Trillat.* — Séance du 5 février 1904 ; Séance du 4 mars 1904 ; Séance du 27 mai 1904 ; Séance du 8 juillet 1904 : *Premier rapport Lindet*; *Rapport général Lindet* (2e rapport).— Séance du 22 juillet 1904 : *Rapport Bordas* (et réponse au rapport général Lindet) ; *Note de M. Pagès.* — Séance du 23 novembre 1904 ; Séance du 30 novembre 1904 : *Rapport Vassilière*; *Rapport Martin.* — Séance du 24 janvier 1905 : *Rapport général Troost.*

RAPPORT GÉNÉRAL

sur les mesures propres à favoriser les applications industrielles de l'alcool dénaturé.

Rapporteur : M. TROOST

Dans la séance d'ouverture de la Commission extra-parlementaire des alcools, vins et spiritueux, M. le ministre des finances a donné mandat à la 2e Sous-Commission de s'occuper de tout ce qui est de nature à favoriser les applications industrielles de l'alcool dénaturé.

La question générale ainsi posée, intéresse à la fois les agriculteurs qui cultivent la matière première, les distillateurs qui l'utilisent pour produire l'alcool, les industriels qui le dénaturent et la masse des consommateurs.

A côté de ces intérêts, se trouvent ceux du Trésor qu'il importe de protéger contre les entreprises de la fraude surexcitée par la prime résultant de la différence des tarifs appliqués à l'alcool de consommation et à l'alcool dénaturé. Cette prime, qui est au minimum de 219^f,75, atteint 415 francs dans Paris ([1]).

Pour rechercher les moyens de donner, dans la mesure du possible, satisfaction à ces intérêts divers, la 2ᵉ Sous-Commission réunie le 5 juin 1903 sous la présidence de M. Jean Dupuy, sénateur, s'est partagée en trois sections qui ont été respectivement chargées de l'étude des points suivants :

1ʳᵉ *Section.* — Prix auquel le producteur peut livrer l'alcool au dénaturateur avec une marge de bénéfices suffisante.

2ᵉ *Section.* — La dose de méthylène actuellement employée doit-elle être maintenue ?

([1]) Droit de consommation .   220 francs ⎫
       Droit d'entrée   30   //   ⎬ par hectol.
       Droit d'octroi . . . .   165 //   ⎪ d'alcool pur
                                ————————   ⎪
              Total. . .   415 francs ⎭

Est-il possible de substituer au méthylène-
régie un autre dénaturant ?

3e *Section*. — Causes qui influent sur le prix
de vente au détail de l'alcool dénaturé :

— Comparaison des frais de transport de
l'alcool dénaturé et du pétrole raffiné sur les
grands réseaux de chemin de fer ;

— Formalités de régie ;

— Mouillage qui nuit à l'emploi de l'alcool
dénaturé dans les lampes et les réchauds de
l'économie domestique.

Les travaux de la 2e Section sont ceux qui ont
demandé le plus de temps.

Cette section devait, comme nous venons de
le voir, répondre à la double question suivante :

1º La dose de méthylène actuellement employée doit-elle être maintenue ?

2º Est-il possible de substituer au méthylène-
régie un autre dénaturant ?

La question du dénaturant général ne se
pose pas pour les usines soumises à l'exercice
permanent, où l'alcool disparaît dans la fabrication d'un produit industriel. Elle ne se pose
pas davantage pour un grand nombre d'industries admises à dénaturer l'alcool à l'aide
d'un des corps qu'elles emploient.

Elle ne se pose réellement que pour l'alcool destiné à circuler librement comme mode d'éclairage, de chauffage, de force motrice, etc.

Le méthylène, qui est un des produits de la distillation du bois, a été, en raison de ses propriétés particulières, adopté, dès 1873, comme agent principal de la dénaturation de l'alcool destiné à circuler.

Depuis cette époque, la formule du dénaturant général a varié, mais le méthylène est toujours resté la base de ce dénaturant. C'est ainsi que la proportion de méthylène y a été abaissée de 15 à 10 % (décision ministérielle du 8 septembre 1897, conforme à l'avis du Comité consultatif des Arts et Manufactures du 28 juillet précédent). — L'influence de cette diminution du taux du méthylène dans le dénaturant a été secondée par des mesures législatives.

Elles ont abaissé la taxe de dénaturation de $37^{fr},50$ à 3 francs par hectolitre (Loi du 16 décembre 1897).

La taxe de 3 francs a été elle-même abolie et remplacée par un droit de statistique de $0^{fr},25$ (Loi du 29 décembre 1900). Enfin, le dénaturateur est intégralement remboursé de la valeur des substances dénaturantes qu'il emploie, par une allocation de 9 francs par hectolitre d'alcool

pur présenté à la dénaturation (Loi du 25 février 1901).

Aussi, la quantité d'alcool à 100° soumise à la
dénaturation en vue du chauffage, de l'éclairage
ou de la force motrice, qui était :

De	70 570 hectolitres en			1895
est montée à . .	93 906	//	en	1898
//	à . .	153 005	//	en 1901
//	à . .	227 253	//	en 1902
//	à . .	262 036	//	en 1903
//	à . .	298 913	//	en 1904

Conformément aux conclusions de la Sous-
Commission technique de dénaturation de l'alcool
déposées au Ministère des Finances le 22 juillet
1899, les alcools présentés aujourd'hui à la dénaturation sont des alcools titrant 90° ou des alcools d'un titre supérieur plus avantageux pour
l'éclairage, le chauffage et la force motrice.

La proportion du dénaturant à employer est
de 10 volumes du dénaturant pour 100 volumes
d'alcool éthylique à 90°.

On y ajoute 0,5 % de benzine lourde pour
donner aux agents, par la dégustation, par
l'odeur et le louchissement par l'eau, des moyens
d'investigation simples pouvant dispenser le
plus souvent des analyses.

Ce dénaturant type régie contient : 6 $^0/_0$ d'alcool méthylique réel, 25 $^0/_0$ d'acétone.

2,5 $^0/_0$ des produits pyrogénés qui accompagnent l'alcool méthylique brut dans la distillation du bois.

12,5 $^0/_0$ d'eau ou de matières indéterminées.

Chacun des éléments joue un rôle particulier dans la dénaturation :

L'alcool méthylique imprime à l'alcool dénaturé un caractère indélébile : c'est l'estampille officielle, le témoin de la dénaturation.

L'acétone, dont le dosage est prompt, simple et d'une grande exactitude, donne la possibilité de s'assurer si la dénaturation a été faite suivant les prescriptions réglementaires : c'est un témoin proportionnel de la dénaturation.

Les impuretés pyrogénées possèdent à un haut degré l'odeur forte et caractéristique des produits bruts de la distillation du bois : elles constituent l'infectant de l'alcool dénaturé.

L'alcool additionné de l'ensemble de ces produits, c'est-à-dire du méthylène type-régie, tout en conservant les propriétés exigées pour ses utilisations industrielles, possède une odeur et une saveur assez désagréable pour rendre impossible sa consommation de bouche.

La régénération par distillation de l'alcool

ainsi dénaturé pourrait toujours être constatée, même si on était parvenu à en écarter l'acétone et les impuretés pyrogénées. En effet, bien que la plus grande partie de l'alcool méthylique passe dans les premiers produits de la distillation, il en reste toujours, dans les produits successifs recueillis ensuite, une proportion suffisante pour être facilement caractérisée.

Mais, si la fraude par régénération est peu à craindre avec l'alcool dénaturé par 10 °/₀ de méthylène-régie, il n'en est pas de même de la fraude par dilution, qui consiste à ajouter à l'alcool dénaturé une proportion d'alcool bon goût telle que le mélange devienne consommable, ou tout au moins utilisable dans la fabrication des liqueurs où l'on masque le goût du mélange par l'addition de produits aromatiques.

Cette fraude est d'autant plus à redouter qu'elle est facile à pratiquer et qu'elle est très rémunératrice.

A Paris, chaque hectolitre d'alcool dénaturé ainsi dilué procure au fraudeur un bénéfice de près de 415 francs.

La fraude ne pourra être affirmée qu'autant que la proportion d'alcool bon goût ajouté ne fera pas descendre la proportion du méthylène dans le mélange au-dessous de la limite où il

peut être nettement caractérisé par les procédés
employés par les agents de l'administration, tels
que le procédé Trillat, par exemple, dans les
conditions où il est appliqué dans les laboratoires du ministère des Finances, mais l'expérience a démontré que si un volume d'alcool
dénaturé par le méthylène-régie a été additionné
de 32 volumes d'alcool bon goût, la fraude a
chance de n'être pas poursuivie.

Ce n'est pas que l'analyse n'y puisse encore
déceler la présence de l'alcool méthylique, mais,
lorsque celui-ci ne s'y trouve qu'en faible proportion, les fraudeurs ne manqueraient pas d'expliquer sa présence par le passage possible de l'alcool
dans des récipients ayant contenu de l'alcool dénaturé. Un autre doute pourrait également subsister au sujet de son origine. Certaines eaux-de-
vie naturelles, et notamment les eaux-de-vie de
marc, se conduisent à l'analyse comme si elles
renfermaient une très petite proportion d'alcool
méthylique.

Cette constatation n'est pas un fait nouveau ;
une précédente commission ministérielle l'a déjà
signalée, il y a sept ans, dans son rapport et en
a tiré un argument contre la réduction de la dose
de méthylène actuellement en usage. Cet argument subsiste avec d'autant plus de force que

des réactifs plus sensibles ont permis depuis, de constater la présence de traces d'alcool méthylique ou d'un composé donnant la même réaction, dans d'autres eaux-de-vie que celles de marc.

La nécessité de protéger les intérêts du Trésor contre les dangers de la fraude par dilution explique et justifie l'emploi de la dose massive de méthylène-régie, car toute diminution dans la proportion de ce dénaturant diminuerait proportionnellement le volume d'alcool bon goût à ajouter pour arriver à la limite ci-dessus indiquée et augmenterait d'autant le bénéfice du fraudeur.

C'est pour cette raison qu'on emploie actuellement, pour la dénaturation, une proportion d'environ 10 % de méthylène dans les divers pays où il existe un grand écart entre le droit de l'alcool dénaturé et celui de l'alcool de consommation, comme par exemple en Angleterre où ce droit est de 477 francs, en Belgique où il est de 300 francs, en Hollande où il est de 264 francs et en France où il est de 220 francs (¹).

La proportion de méthylène a pu être diminuée sans présenter un aussi grand inconvénient dans les pays où le bénéfice possible du fraudeur

---

(¹) Plus les droits d'*octroi*, variables suivant chaque localité.

serait bien moindre, parce qu'il n'y a qu'un bien moindre écart entre le droit de l'alcool dénaturé et le droit de l'alcool de consommation, comme, par exemple, en Allemagne, où ce dernier droit est de 80 francs et où la fraude est bien plus rigoureusement punie.

De ce que le dénaturant actuel a suffi depuis 30 ans pour protéger efficacement les intérêts du Trésor contre les dangers de la fraude, il ne s'ensuit pas qu'on doive renoncer à rechercher un autre dénaturant qui serait plus économique, tout en présentant autant de garanties pour les intérêts du Trésor.

C'est le problème qu'a cherché à résoudre la 2ᵉ section de la 2ᵉ Sous-Commission, et c'est le résultat de son travail que M. Lindet a résumé dans le rapport qu'il a présenté à la 2ᵉ Sous-Commission.

Son dénaturant diffère du dénaturant actuel en ce que : aux 10 litres de méthylène type-régie additionnés de 0ˡ,5 de benzine lourde, M. Lindet propose de substituer :

2ˡ,5 de méthylène type-régie ;

0ˡ,5 de formol commercial à 33 $^o/_o$ d'aldéhyde formique ;

0ˡ,5 de benzine lourde ;

0ˡ,25 de pyridine ;

de sorte que o¹,5 de formol commercial avec o¹,25
de pyridine présenteraient autant de difficultés
pour le fraudeur et autant de garanties pour le
fisc que les 7¹,5 de méthylène-régie supprimés,
qui contenaient 4¹,5 d'alcool méthylique réel,
1¹,875 d'acétone et o¹,187 des produits pyrogénés
qui accompagnent l'alcool méthylique brut dans
la distillation du bois.

Nous venons de voir qu'avec la formule actuelle la fraude par coupage est à peu près la seule
pratiquée, la dose massive du méthylène rendant la fraude par distillation pour ainsi dire
impossible. Mais avec la nouvelle formule proposée, on pourra, avec plus de facilité, pratiquer
non seulement la fraude par dilution, mais aussi
la fraude par régénération, car le formol n'a pas,
comme le méthylène, la propriété d'être pratiquement inséparable, pour les fraudeurs, de l'alcool auquel on le mélange.

La fraude par dilution de l'alcool dénaturé
par le dénaturant de M. Lindet cesse d'être déce-
lable au moyen des réactifs employés par les
agents de l'administration et on ne peut plus y
affirmer la présence de l'aldéhyde formique, pas
plus que celle de l'alcool méthylique, de la
benzine et de la pyridine après une addition
d'alcool bon goût inférieure — de moitié environ

— à celle qui est nécessaire pour que ces mêmes réactifs cessent de déceler la fraude dans l'alcool dénaturé par le dénaturant actuel.

Ainsi le nouveau dénaturant proposé présente moins de garanties contre la fraude au point de vue de la régénération. Il existe des procédés simples et peu coûteux pour éliminer le formol ; mais on n'a pas besoin d'y avoir recours, car la benzine et la pyridine peuvent être facilement et intégralement écartées, et la proportion d'aldéhyde formique qui accompagne l'alcool dans les produits distillés n'y existe qu'en quantité très inférieure à celle dont il est possible de prouver l'existence par les réactifs précités, la presque totalité de l'aldéhyde formique se concentrant dans les résidus (ou vinasses) que le fraudeur rejettera.

L'alcool méthylique, qui possède la qualité précieuse pour un témoin de la dénaturation, de persister dans tous les produits de la distillation, trahira seul la dénaturation de l'alcool recueilli, mais il s'y trouvera à une dose réduite dans la proportion même de la réduction du méthylène employé, de sorte qu'en réduisant la dose du méthylène au $\frac{1}{4}$ de la dose actuelle on réduit, dans la même proportion, les moyens de découvrir la fraude ; et la fraude par régénération qui était peu rémunératrice avec le dénaturant actuel, le deviendra beaucoup plus avec le dénaturant proposé.

Pour essayer de remédier à cette infériorité de son dénaturant, M. Lindet a entrepris une recherche très laborieuse de réactifs qui présenteraient une sensibilité suffisante pour reconnaître la présence des traces de formol par une coloration plus ou moins prononcée.

Mais les réactions colorées qui ont été présentées comme permettant de constater l'existence de faibles doses de formol, sont peu sûres, elles ne reposent sur aucune base scientifique, elles ne répondent pas à des corps connus ; il n'a pas été démontré qu'elles fussent réellement caractéristiques du formol et du formol seul, car on les obtient avec des alcools commerciaux ne contenant pas de formol ; et lorsque l'analyse arrive dans des limites où l'on peut confondre l'alcool contenant du formol ajouté avec l'alcool qui renferme normalement un corps donnant la même réaction, on doit s'arrêter. Il serait imprudent de s'appuyer sur les résultats qu'elle fournit. On ne peut donc y avoir recours quand il s'agit de décider si oui ou non on se trouve en présence d'un cas de fraude, car, devant un tribunal quelconque, la cause de l'administration serait perdue d'avance si elle était engagée dans ces conditions.

L'ensemble de ces considérations n'ont pas permis à la seconde sous-commission de s'associer aux conclusions du rapport de M. Lindet qui ont été rejetées par 16 voix contre 7.

La seconde Sous-Commission est donc d'avis que, dans l'état actuel de la science, il y aurait des dangers à modifier la formule de dénaturation et qu'il y a, par suite, lieu de conserver provisoirement le dénaturant qui a fait ses preuves, en attendant que, par de nouvelles recherches, on ait trouvé un autre dénaturant qui soit plus économique tout en présentant les mêmes avantages pour les usages industriels ou domestiques, et pour les intérêts du Trésor.

La deuxième Sous-Commission croit d'ailleurs devoir faire remarquer que le prix de la dénaturation n'est susceptible que d'une diminution forcément très inférieure aux différences que l'on constate dans les cours successifs de l'alcool sortant, soit des distilleries agricoles, soit des raffineries de ce produit. Ce sont surtout ces variations de cours qui, en rendant impossible toute fixité du prix de vente, paralysent les efforts tentés pour la diffusion des emplois industriels de l'alcool.

La détermination du prix minimum auquel

l'alcool pourrait être livré aux dénaturations avait été confiée à la première section.

Dans le rapport qu'il a fait au nom de cette section, M. Delaune, député, a fixé le prix limite de revient de l'alcool d'industrie (alcool de betteraves), prix au-dessous duquel les agricul-culteurs et les raffineurs ne pourraient tirer de leurs peines le profit le plus modeste.

Il a constaté avec **M. Petit**, Président du syndicat de la distillerie agricole et M. Vassillière, Directeur de l'agriculture, que, dans les rares distilleries agricoles outillées pour obtenir directement des flegmes titrant plus de 90°, le prix de revient pourrait être abaissé aux environs de 35 francs les 90°, mais que, dans la généralité des distilleries purement agricoles qui expédient leurs flegmes à des rectificateurs, le prix de revient ne peut pas descendre au-dessous de 39 francs les 90°, en raison des frais et des déchets de la rectification.

Il résulte de ces conditions que si l'on peut espérer faire dans les usages industriels et domestiques une place à l'alcool dénaturé à côté du pétrole, ce ne sera pas en cherchant à lutter sur le terrain du prix de vente. On ne pourra y arriver qu'en mettant à profit les avantages spéciaux qu'il possède.

Les différentes causes qui peuvent influer sur le prix de vente au détail des alcools dénaturés ont été examinées par la troisième section ; au premier rang de ces causes se trouve la question des frais de transport de l'alcool dénaturé comparés à ceux du pétrole rectifié sur les réseaux des chemins de fer.

Elle a fait l'objet d'une étude très approfondie de la part de M. Bernard, chef du Service de l'Inspection des Finances et membre du Comité consultatif des chemins de fer.

Des graphiques qui accompagnent son rapport, il ressort que, en règle générale, les alcools dénaturés profitent d'un régime au moins aussi libéral que celui des pétroles raffinés. Mais les emballages d'alcool dénaturé qui retournent vides chez les expéditeurs jouissent de la gratuité des frais de transport sur le chemin de fer de l'État, tandis que sur les autres réseaux les emballages sont soumis à des tarifs plus ou moins élevés.

La Sous-Commission a pensé qu'il convenait de demander que la mesure de faveur concédée sur le réseau de l'État soit étendue aux emballages transportés par les autres compagnies de chemins de fer.

D'autre part, on ne saurait méconnaître

l'influence considérable que les formalités admi-
nistratives peuvent exercer sur l'emploi d'un
produit taxé ; aussi l'Administration des Contributions indirectes s'est-elle attachée à apporter
au régime fiscal des alcools dénaturés toutes les
améliorations compatibles avec les nécessités de
la surveillance et la sécurité de l'impôt.

Dans le rapport qu'il a présenté au nom de
la troisième section, M. Martin, Directeur géné-
des Contributions indirectes, a indiqué les mesures (simplification des formalités à la circulation, facilités accordées pour les approvisionnements, admission à la dénaturation des alcools
d'un titre supérieur à 90° et des flegmes provenant des distilleries agricoles, etc.) qui, dans
ces dernières années, ont été prises dans cet
ordre d'idées.

Les concessions ainsi faites n'ont pas été
étrangères au mouvement ascensionnel que l'on
constate dans les emplois industriels et domestiques de l'alcool dénaturé.

Une des causes qui nuisent au développement
des usages domestiques de cet alcool réside dans
la mauvaise qualité des alcools d'éclairage et de
chauffage qu'on trouve chez les détaillants.

Un grand nombre d'entre eux pratiquent la
fraude dite du mouillage. Ils vendent à leur

clientèle de l'alcool dénaturé ne titrant que 85°
ou 80° et quelquefois même 75°, alors qu'il
devrait titrer au moins 90°.

Il en résulte que les lampes et les réchauds
fonctionnent mal et que l'acheteur renonce à
ce produit pour revenir à l'usage du pétrole ou
de l'essence.

Pour remédier à cette situation, M. Vassilière,
Directeur de l'Agriculture, a préconisé l'idée de
rendre obligatoire l'apposition, sur les récipients
et par les soins du vendeur, d'une étiquette très
apparente portant l'inscription « alcool dénaturé
garanti à 90° ».

Ce système n'empêcherait peut-être pas d'une
façon absolue l'opération du mouillage, mais il
est aussi peu coûteux que possible et mettrait
les fraudeurs sous le coup de poursuites pour
tromperie dans la qualité de la marchandise
vendue.

CONCLUSION

En résumé, la deuxième Sous-Commission est
d'avis, qu'en l'état actuel de la science, il y
aurait des dangers pour la rentrée de l'impôt
sur l'alcool à modifier la formule de dénaturation, et qu'il y a, par suite, lieu de conserver

provisoirement le dénaturant qui a fait ses preuves, en attendant que, par de nouvelles recherches, on ait trouvé un dénaturant qui soit plus économique, tout en présentant les mêmes avantages pour les usages industriels ou domestiques et pour les intérêts du Trésor ».

Elle émet en même temps les vœux suivants :

1° Pour combattre la fraude dite du mouillage, il y aurait lieu d'astreindre, par voie législative ou par règlement d'administration publique, les débitants d'alcool dénaturé à apposer sur les récipients une large étiquette portant en caractères très apparents la mention : « alcool dénaturé garanti à 90° ».

2° En toutes circonstances, les alcools dénaturés devraient profiter des tarifs de transports les plus réduits semblables à ceux des pétroles raffinés.

3° Les emballages d'alcool dénaturé qui retournent vides chez les expéditeurs devraient jouir, sur les réseaux des chemins de fer, soit de la gratuité concédée par le chemin de fer de l'État, soit tout au moins du tarif au poids afférent à la marchandise à l'aller, avec maximum basé sur le barème de la quatrième ou de la cinquième série.

4° L'Administration des Contributions indirectes devrait continuer, dans la mesure compatible avec les intérêts du Trésor, à rechercher les simplifications qui pourraient être appliquées aux formalités concernant la circulation, la détention et la vente de l'alcool dénaturé.

Paris 1905.

Le rapporteur :

L. TROOST
Membre de l'Institut.
Président de l'Académie des Sciences.

BIBLIOGRAPHIE

—

GENTILLIEZ et ARACHEQUESNE. — *Emplois industriels de l'alcool*. Rapport présenté au Syndicat des Fabricants de sucre de France.

Concours général de l'alcool dénaturé. Supplément au journal Le Vélo, 16-28 novembre 1901.

Association pour l'emploi industriel de l'alcool. Résumé historique. Paris 1902 (Collection complète des Bulletins de l'Association des Chimistes de sucrerie et distillerie).

ARACHEQUESNE. — *Emplois industriels de l'alcool. Chauffage, éclairage, force motrice.*

A. BEAUVAIS. — *De l'emploi industriel de l'alcool.* Paris 1901.

HEGH. — *Les dénaturants de l'alcool*. Bruxelles 1901.

Rapport sur les emplois industriels de l'alcool, au Concours agricole de Halle-sur-Saale. Paris 1901.

Programme de concours utilisant l'alcool dénaturé (Journal officiel du 9 septembre 1901).

SIDERSKY. — *Congrès des emplois industriels de l'alcool*. Compte-Rendu. Paris 1901.

L'Exposition de l'alcool. Extrait du Bulletin des Halles. Paris, 17-18 novembre 1901.

SIDERSKY. — *L'emploi industriel de l'alcool en Allemagne*. Bulletin des Halles, 23 novembre 1901.

LINDET. — *Le chauffage et l'éclairage à l'alcool*. Bulletin de la Société d'Encouragement. Paris 1902.

Rapport des jurys du Concours général agricole. Annales du Ministère de l'Agriculture. Paris 1902.

Sidersky. — *Rapport sur l'Exposition des emplois industriels de l'alcool à Berlin*. Février 1902.

Congrès des Études économiques pour les emplois industriels de l'alcool. Mars 1903, 2 vol.

Rapport sur les Emplois de l'alcool aux fabrications des produits chimiques et la fixité des cours de l'alcool.

Sidersky. — *Les usages industriels de l'alcool*. Paris 1903.

Michel Lévy et G. Rives. — *Congrès des Applications industrielles de l'alcool*. Décembre 1902.

Sidersky. — *Nouvelle étude sur l'éclairage à l'alcool*. Paris 1904.

Alcool dénaturé. Rapport de M. Thennis au Congrès de Liège. Bruxelles 1905.

(Tous ces ouvrages se trouvent à la bibliothèque de l'Association des Chimistes, 156, boulevard Magenta, Paris). Consulter aussi les années précédentes du *Bulletin de l'Association des Chimistes*.

Le Moniteur Scientifique de Quesneville.

Le Journal de Pharmacie et de Chimie.

La Revue Technique. Alcool industriel : t. 25, 1904. Principaux articles : L'alcool industriel en Italie. L'alcool industriel en Suisse. L'alcool moteur. L'alcool en Autriche-Hongrie. L'éclairage à l'alcool. L'alcool en Allemagne. Le méthylène dénaturant. Carburation pour moteurs à alcool. Production et consommation de l'alcool en France et en Allemagne. Le rôle des Syndicats dans l'extension des emplois de l'alcool moteur. — t. 26, 1906. A propos de l'alcool. Alcool dénaturé. A propos de l'alcool moteur. L'alcool industriel en Allemagne. Emploi de l'alcool dans l'automobilisme. Le développement rationnel de l'industrie de l'alcool. Le méthylène et l'alcool moteur.

L. Robinet et Ph. Sébastien. — *Traité des Contributions Indirectes*. Dalloz, Paris.

TABLE DES MATIÈRES

—

SAINT-AMAND (CHER). — IMPRIMERIE BUSSIÈRE

ENCYCLOPÉDIE

DES

SCIENCES MATHÉMATIQUES

PURES ET APPLIQUÉES,

Publiée sous les auspices des Académies des Sciences de Munich,
de Vienne, de Leipzig et de Göttingue.

Édition française publiée d'après l'édition allemande

SOUS LA DIRECTION DE

Jules MOLK,

Professeur à l'Université de Nancy.

Avec le concours de nombreux savants et professeurs français.

L'édition française de l'*Encyclopédie* est publiée en sept tomes
formant chacun trois ou quatre volumes de 300 à 500 pages grand
in-8, paraissant en fascicules de 10 feuilles environ grand in-8.

Le prix de chaque fascicule sera d'environ 5 francs.

Le 1ᵉʳ fascicule du volume I est paru. Prix : **5 francs.**

COURS D'ANALYSE MATHÉMATIQUE

Par Édouard GOURSAT,

Professeur à la Faculté des Sciences de Paris.

DEUX VOLUMES GRAND IN-8 (25×16) SE VENDANT SÉPARÉMENT :

TOME I : *Dérivées et différentielles. Intégrales définies. Développement en séries. Applications géométriques.* Volume de
VI-620 pages avec 52 figures; 1902...................... **20 fr.**

TOME II : *Fonctions analytiques. Équations différentielles. Équations aux dérivées partielles. Éléments du calcul des variations.*
Volume de VI-640 pages, avec 95 figures; 1905............ **20 fr.**

CORRESPONDANCE
D'HERMITE ET DE STIELTJES

PUBLIÉE PAR LES SOINS

DE

B. BAILLAUD,
Doyen honoraire de la Faculté
des Sciences,
Directeur de l'Observatoire de Toulouse.

H. BOURGET,
Maitre de Conférences à l'Université,
Astronome adjoint
à l'Observatoire de Toulouse.

Avec une Préface de Émile PICARD,
Membre de l'Institut.

DEUX VOLUMES GRAND IN-8 (25×16), SE VENDANT SÉPARÉMENT :

Tome I (8 novembre 1882 - 22 juillet 1889). Volume de xx-477 pages, avec deux portraits; 1905 .... **16** fr.

Tome II (18 octobre 1889 - 15 décembre 1894). Vol. de vi-457 pages, avec un portrait; 1905 .... **16** fr.

TABLE DES INTÉRÊTS COMPOSÉS.

Annuités et Amortissements

Pour des taux variant de dixièmes en dixièmes et des époques
variant de 100 à 400, suivant les taux ;

Par A. Arnaudeau,
Ancien Élève de l'École Polytechnique,
Membre agrégé de l'Institut des Actuaires français,
Membre de la Société de Statistique de Paris.

Volume in-4 (28×23) de xi-[15]-125 pages; 1906 .... **10** fr.

SUR LES ÉLECTRONS

Par Sir OLIVER LODGE, F. R. S.

TRADUIT DE L'ANGLAIS PAR

E. NUGUES,
Chef des Travaux d'Électricité
à l'École centrale.

J. PÉRIDIER,
Diplômé de l'École supérieure
d'Électricité.

Vol. in-16 (19×12) de xiii-168 pages, avec 6 fig.; 1906. **2** fr. **75** c.

LA REVUE ÉLECTRIQUE

PUBLIÉE SOUS LA DIRECTION DE M. **J. BLONDIN,**

AVEC la collaboration de MM. ARMAGNAT, BECKER, DA COSTA, JACQUIN, JUMAU, GOISOT, J. GUILLAUME, LABROUSTE, LAMOTTE, MAUDUIT, MAURAIN, PELLISSIER, RAVEAU, G. RICHARD, TURPAIN, etc.

La *Revue électrique* paraît deux fois par mois, par fascicules de 32 pages in-4 (28×22). Elle forme par an 2 volumes de 400 pages environ.

Prix de l'abonnement pour un an :

(A partir du 1ᵉʳ janvier ou du 1ᵉʳ juillet.)

Paris...................................... **25 fr.**
Départements .... **27 fr. 50 c.**
Union postale .... **30 fr.**

Les années antérieures se vendent...................... **22 fr.**

LA BOBINE D'INDUCTION

Par H. ARMAGNAT.

Un volume in-8 (23×14) de 223 pages, avec 109 figures ; 1905. Cartonné.. **5 fr.**

LES QUANTITÉS ÉLÉMENTAIRES D'ÉLECTRICITÉ

IONS

ÉLECTRONS, CORPUSCULES

MÉMOIRES RÉUNIS ET PUBLIÉS

Par Henri ABRAHAM et Paul LANGEVIN.

Volume grand in-8 (25×16) de XVI-1144 pages, avec nombreuses figures ; 1905.. **35 fr.**

THERMODYNAMIQUE

Par L. MARCHIS,

Professeur adjoint de Physique à la Faculté des Sciences de Bordeaux,
Lauréat de l'Institut (Prix Plumey).

DEUX VOLUMES GRAND IN-8 (25 × 16) SE VENDANT SÉPARÉMENT.

Tome I : *Notions fondamentales.* Volume de IV-176 pages, avec
15 figures; 1904........................ .... **5 fr.**
Tome II *Introduction à l'étude des machines thermiques.* Vol.
de III-255 pages, avec 20 figures; 1905........................ **5 fr.**

LEÇONS D'ALGÈBRE ET D'ANALYSE

A L'USAGE

DES ÉLÈVES DES CLASSES DE MATHÉMATIQUES SPÉCIALES

PAR

Jules TANNERY,

Sous-Directeur de l'École Normale supérieure.

DEUX VOLUMES GRAND IN-8 (25 × 16), SE VENDANT SÉPARÉMENT.

Tome I : Volume de VII-423 pages, avec 35 figures et 166 exercices;
1906... **12 fr.**
Tome II : Volume de 636 pages, avec 104 figures et 238 exercices;
1906... **12 fr.**

(Ouvrage conforme au programme du 27 juillet 1904.)

ESSAIS DES MATÉRIAUX

Notions fondamentales
relatives aux déformations élastiques et permanentes,

Par H. BOUASSE,

Professeur de Physique à l'Université de Toulouse.

Grand in-8 (25 × 16) de 150 pages, avec 54 figures; 1905. ... **5 fr.**

LEÇONS DE MÉCANIQUE CÉLESTE

PROFESSÉES A LA SORBONNE

Par H. POINCARÉ,

Membre de l'Institut.

Tome I. — *Théorie générale des perturbations planétaires.* Un volume grand in-8 (25 × 16) de VI-367 pages; 1905........ **12** fr.

LEÇONS D'ÉLECTROTECHNIQUE

GÉNÉRALE

PROFESSÉES A L'ÉCOLE SUPÉRIEURE D'ÉLECTRICITÉ

Par P. JANET,

Directeur du Laboratoire central et de l'École supérieure d'Électricité,
Professeur à la Faculté des Sciences de Paris.

Deuxième édition, revue et augmentée.

TROIS VOLUMES GRAND IN-8 (25 × 16) SE VENDANT SÉPARÉMENT :

Tome I : *Généralités. Courants continus.* Volume de XII-369 pages, avec 166 figures; 1904.................................... **11** fr.

Tome II : *Courants alternatifs sinusoïdaux et non sinusoïdaux. Alternateurs. Transformateurs.* Volume de 309 pages, avec 156 figures; 1905.................... .... **11** fr.

Tome III : *Moteurs à courants alternatifs. Couplage des alternateurs. Transmissions par courants alternatifs. Compoundage des alternateurs. Transformateurs polymorphiques.*

(*Sous presse.*)

LA

DOUBLE RÉFRACTION ACCIDENTELLE

DANS LES LIQUIDES

Par G. de METZ.

In-8 écu (20 × 13) de 100 pages, avec 31 fig., 1906 ; cartonné. **2** fr.

THÉORIE ET PRATIQUE DE L'HORLOGERIE

A l'usage des Horlogers
et des Élèves des Écoles d'Horlogerie,

Par E. JAMES,
Professeur à l'École d'Horlogerie de Genève.

Volume in-16 (19×12) de VI-228 pages, avec 126 fig.; 1906.. **5 fr.**

RADIATIONS

ÉLECTRICITÉ. IONISATION

APPLICATIONS DE L'ÉLECTRICITÉ. INSTRUMENTS DIVERS

Par E. BOUTY,
Professeur à la Faculté des Sciences de Paris.

Volume in-8 (23×14) de VI-420 pages, avec 104 figures; 1906. **8 fr.**

LES PROCÉDÉS

DE

COMMANDE A DISTANCE

AU MOYEN DE L'ÉLECTRICITÉ

Par R. FRILLEY.

Volume in-16 (19×12) de VI-190 pages, avec 94 fig.; 1906. **3 fr. 50**

LA CÉRAMIQUE INDUSTRIELLE

CHIMIE — TECHNOLOGIE

Par Abel Granger,
Professeur de Chimie et de Technologie céramique à l'École d'Application
de la Manufacture de Sèvres.

Volume in-8 (23×14) de x-644 pages, avec 179 figures, 1905;
cartonné.. **17 fr.**

COURS DE PHYSIQUE
DE L'ÉCOLE POLYTECHNIQUE,
Par J. JAMIN et E. BOUTY.

Quatre tomes in-8, de plus de 4000 pages, avec 1587 figures et 14 planches; 1885-1891. (OUVRAGE COMPLET)............. **72 fr.**

TOME 1. — **9 fr.**

1er fascicule. — *Instruments de mesure. Hydrostatique;* avec 150 figures et 1 planche... 5 fr.

2e fascicule. — *Physique moléculaire;* avec 93 figures....... 4 fr.

TOME II. — CHALEUR. — **15 fr.**

1er fascicule. — *Thermométrie, Dilatations;* avec 98 figures. 5 fr.

2e fascicule. — *Calorimétrie;* avec 48 fig. et 2 planches....... 5 fr.

3e fascicule. — *Thermodynamique. Propagation de la chaleur;* avec 47 figures.. 5 fr.

TOME III. — ACOUSTIQUE; OPTIQUE. — **22 fr.**

1er fascicule. — *Acoustique;* avec 123 figures................ 4 fr.

2e fascicule. — *Optique géométrique;* 139 fig. et 3 planches. 4 fr.

3e fascicule. — *Etude des radiations lumineuses, chimiques et calorifiques; Optique physique;* avec 249 fig. et 5 planches, dont 2 planches de spectres en couleur..................... 14 fr.

TOME IV (1re Partie). — ÉLECTRICITÉ STATIQUE ET DYNAMIQUE. — **18 fr.**

1er fascicule. — *Gravitation universelle. Électricité statique;* avec 155 figures et 1 planche.................................. 7 fr.

2e fascicule. — *La pile. Phénomènes électrothermiques et électrochimiques;* avec 161 figures et 1 planche................. 6 fr.

TOME IV (2e Partie). — MAGNÉTISME; APPLICATIONS. — **13 fr.**

3e fascicule. — *Les aimants. Magnétisme. Électromagnétisme. Induction;* avec 240 figures................................... 8 fr.

4e fascicule. — *Météorologie électrique; applications de l'électricité. Théories générales;* avec 84 figures et 1 planche..... 5 fr.

TABLES GÉNÉRALES *des quatre volumes.* In-8; 1891.......... 60 c.

Des suppléments destinés à exposer les progrès accomplis viennent compléter ce grand Traité et le maintenir au courant des derniers travaux.

1er SUPPLÉMENT. — **Chaleur. Acoustique. Optique,** par E. BOUTY, Professeur à la Faculté des Sciences. In-8, avec 41 fig.; 1896.   3 fr. 50 c.

2e SUPPLÉMENT. — **Électricité. Ondes hertziennes. Rayons X;** par E. BOUTY. In-8, avec 48 figures et 2 planches; 1899.   3 fr. 50 c.

3 SUPPLÉMENT. — **Radiations. Électricité. Ionisation. Applications de l'Électricité. Instruments divers,** par E. BOUTY. In-8, avec 104 figures; 1906 .... 8 fr.

ENCYCLOPÉDIE DES TRAVAUX PUBLICS

ET ENCYCLOPÉDIE INDUSTRIELLE.

TRAITÉ DES MACHINES A VAPEUR

CONFORME AU PROGRAMME DU COURS DE L'ÉCOLE CENTRALE (E. I.)

Par ALHEILIG et C. ROCHE, Ingénieurs de la Marine.

TOME I (412 fig.) ; 1895 ..... **20 fr.** | TOME II (281 fig.) ; 1895 ...... **18 fr.**

CHEMINS DE FER

PAR

E. DEHARME, | **A. PULIN,**
Ingr principal à la Compagnie du Midi. | Ingr Inspr pal aux chemins de fer du Nord.

MATÉRIEL ROULANT. RÉSISTANCE DES TRAINS. TRACTION

Un volume grand in-8, xxii-441 pages, 95 figures, 1 planche ; 1895 (E.I.). **15 fr.**

ÉTUDE DE LA LOCOMOTIVE. LA CHAUDIÈRE

Un volume grand in-8 de vi-608 p. avec 131 fig. et 2 pl. ; 1900 (E.I.). **15 fr.**

ÉTUDE DE LA LOCOMOTIVE. MÉCANISME, CHASSIS
TYPES DE MACHINES

Un volume grand in-8 (25×16) de iv-712 pages, avec 288 figures et un atlas in-4° (32×25) de 18 planches ; 1903. Prix............................ **25 fr.**

CHEMINS DE FER D'INTÉRÊT LOCAL
TRAMWAYS

Par Pierre GUÉDON, Ingénieur.

Un beau volume grand in-8, de 393 pages et 141 figures (E. I.) ; 1901 ..... **11 fr.**

INDUSTRIES DU SULFATE D'ALUMINIUM,

DES ALUNS ET DES SULFATES DE FER,

Par Lucien GESCHWIND, Ingénieur-Chimiste.

Un volume grand in-8, de VIII-364 pages, avec 195 figures ; 1899 (E. I.).   **10 fr.**

COURS DE CHEMINS DE FER

PROFESSÉ A L'ÉCOLE NATIONALE DES PONTS ET CHAUSSÉES,

Par C. BRICKA,

Ingénieur en chef de la voie et des bâtiments aux Chemins de fer de l'État.

DEUX VOLUMES GRAND IN-8 ; 1894 (E. T. P.)

TOME I : avec 326 fig. ; 1894..   **20 fr.** | TOME II : avec 177 fig. ; 1894..   **20 fr.**

COUVERTURE DES ÉDIFICES

Par J. DENFER,

Architecte, Professeur à l'École Centrale.

UN VOLUME GRAND IN-8, AVEC 429 FIG. ; 1893 (E. T. P.)..   **20 FR.**

CHARPENTERIE MÉTALLIQUE

Par J. DENFER,

Architecte, Professeur à l'École Centrale.

DEUX VOLUMES GRAND IN-8 ; 1894 (E. T. P.).

TOME I : avec 479 fig. ; 1894..   **20 fr.** | TOME II : avec 571 fig. ; 1894..   **20 fr.**

ÉLÉMENTS ET ORGANES DES MACHINES

Par Al. GOUILLY,

Ingénieur des Arts et Manufactures.

GRAND IN-8 DE 406 PAGES, AVEC 710 FIG., 1894 (E. I.)....   **12 FR.**

MÉTALLURGIE GÉNÉRALE

Par U. LE VERRIER,
Ingénieur en chef des Mines, Professeur au Conservatoire des Arts et Métiers.

VOLUMES GRAND IN-8 (25×16) SE VENDANT SÉPARÉMENT (E. I.) :

I. — *Procédés de chauffage.* Volume de 367 pages, avec 171 fig.; 1902.. **12** fr.

II. — *Procédés métallurgiques et études des métaux.* Volume de 403 pages, avec 194 figures; 1905.......................... **12** fr.

VERRE ET VERRERIE

Par Léon APPERT et Jules HENRIVAUX, Ingénieurs.

Grand in-8 avec 130 figures et 1 atlas de 14 planches; 1894 (E. I.)..... **20 fr.**

LE BOIS

Par J. BEAUVERIE,
Docteur ès sciences, Préparateur de Botanique générale.

Avec une **Préface** de **M. DAUBRÉE**,
Conseiller d'État,
Directeur général des Eaux et Forêts au Ministère de l'Agriculture.

Grand in-8 (25 × 16) de XI-1402 pages, avec 485 figures; 1905. **20 fr.**

Le bois. Structure. Rapports entre la structure et les qualités du bois d'œuvre. Composition et propriétés chimiques. Caractères et propriétés physiques. Production des bois. La forêt. Abatage des bois. Façonnage des produits. Transport et débit des bois. Commerce des bois. Altérations et défauts des bois d'œuvre. Conservation des bois. Étude spéciale des bois utiles et des essences qui les produisent. Bois indigènes et bois exotiques. Le liège. La production du bois dans le monde. Bois des colonies françaises. Utilisation des bois.

LES

INDUSTRIES PHOTOGRAPHIQUES

Par C. FABRE,
Docteur ès Sciences, Auteur du *Traité encyclopédique de Photographie.*

Volume grand in-8 (25 × 16) de 602 pages, avec 183 figures; 1904. (E. I.).. **18** fr.

PONTS SOUS RAILS ET PONTS-ROUTES A TRAVÉES
MÉTALLIQUES INDÉPENDANTES.

FORMULES, BARÈMES ET TABLEAUX

Par Ernest HENRY,
Inspecteur général des Ponts et Chaussées.

UN VOLUME GRAND IN-8, AVEC 267 FIG.; 1894 (E. T. P.).. **20 FR.**

CHEMINS DE FER.
EXPLOITATION TECHNIQUE

PAR MM.

SCHŒLLER, | **FLEURQUIN,**
Chef adjoint des Services commerciaux | Inspecteur des Services commerciaux
à la Compagnie du Nord. | à la même Compagnie.

UN VOLUME GRAND IN-8, AVEC FIGURES: 1901 (E. I.)..... **12 FR.**

TRAITÉ DES INDUSTRIES CÉRAMIQUES

Par E. BOURRY,
Ingénieur des Arts et Manufactures.

GRAND IN-8, DE 755 PAGES, AVEC 349 FIG.; 1897 (E. I.). **20 FR.**

RÉSUMÉ DU COURS

DE

MACHINES A VAPEUR ET LOCOMOTIVES

PROFESSÉ A L'ÉCOLE NATIONALE DES PONTS ET CHAUSSÉES,

Par J. HIRSCH,
Inspecteur général honoraire des Ponts et Chaussées,
Professeur au Conservatoire des Arts et Métiers.

2ᵉ édition. Gr. in-8 de 510 p. avec 314 fig.; 1898 (E. T. P.). **18 fr.**

LE VIN ET L'EAU-DE-VIE DE VIN

Par Henri DE LAPPARENT,
Inspecteur général de l'Agriculture.

INFLUENCE DES CÉPAGES, CLIMATS, SOLS, ETC., SUR LE VIN, VINIFICATION, CUVERIE, CHAIS, VIN APRÈS LE DÉCUVAGE. ÉCONOMIE, LÉGISLATION.

GR. IN-8 DE XII-533 P., AVEC 111 FIG. ET 28 CARTES; 1895 (E.I.)   **12 FR.**

TRAITÉ DE CHIMIE ORGANIQUE APPLIQUÉE

Par A. JOANNIS, Prof^r à la Faculté de Bordeaux,

TOME I: 688 p., avec fig.; 1896.   **20 fr.** | TOME II: 718 p., avec fig. 1896   **15 fr.**

MANUEL DE DROIT ADMINISTRATIF

Par G. LECHALAS, Ingénieur en chef des Ponts et Chaussées.

TOME I; 1889; **20 fr.** — TOME II: 1re partie; 1893; **10 fr.** 2e partie; 1898; **10 fr.**

MACHINES FRIGORIFIQUES

PRODUCTION ET APPLICATIONS DU FROID ARTIFICIEL,

Par H. LORENZ, Professeur à l'Université de Halle.

TRADUIT DE L'ALLEMAND PAR P. PETIT, et J. JAQUET.

Grand in-8 de IX-186 pages, avec 131 figures; 1898 (E. I.)...   **7 fr.**

COURS DE CHEMINS DE FER

(ÉCOLE SUPÉRIEURE DES MINES),

Par E. VICAIRE, Inspecteur général des Mines,
rédigé et terminé par F. MAISON, Ingénieur des Mines.

Gr. in-8 de 581 pages avec nombreuses fig.; 1903 (E. I.)...   **20 fr.**

COURS DE GÉOMÉTRIE DESCRIPTIVE

ET DE GÉOMÉTRIE INFINITÉSIMALE,

Par Maurice D'OCAGNE,
Ing^r et Prof^r à l'École des Ponts et Chaussées, Répétiteur à l'École Polytechnique.

GR. IN-8, DE XI-428 P., AVEC 340 FIG.; 1896 (E. T. P.)....   **12 FR.**

TRAITÉ DES ESSAIS DE MATÉRIAUX

Méthodes, Machines, Instruments de mesure

Par A. MARTENS. Traduit de l'allemand par P. BREUIL.

AVEC NOTES ET ANNEXES.

Grand in-8 (25×16), de 671 pages, avec 558 figures, et Atlas (25×16) de 31 planches; 1904........................... **50 fr.**

ANALYSE INFINITÉSIMALE

A L'USAGE DES INGÉNIEURS (E.T.P.)

Par E. ROUCHÉ et L. LÉVY,

TOME I : *Calcul différentiel.* VIII-557 pages, avec 45 figures; 1900....... **15 fr.**
TOME II : *Calcul intégral.* 829 pages, avec 50 figures; 1903............. **15 fr.**

COURS D'ÉCONOMIE POLITIQUE

PROFESSÉ A L'ÉCOLE NATIONALE DES PONTS ET CHAUSSÉES (E.T.P.),

Par C. COLSON, Conseiller d'État.

TOME I : Volume de 600 pages; 1901................................. **10 fr.**
TOME II : Volume de 774 pages; 1903............................... **10 fr.**
TOME III (1re partie) : Volume de 442 pages; 1905................. **6 fr.**

LA TANNERIE

Par L. MEUNIER et C. VANEY,

Professeurs à l'École française de Tannerie

publié sous la direction de LÉO VIGNON,

Directeur de l'École française de Tannerie.

GRAND IN-8 DE 650 PAGES AVEC 98 FIGURES; 1903 (E. I.) **20 FR.**

L'ÉNERGIE HYDRAULIQUE

ET LES

RÉCEPTEURS HYDRAULIQUES

Par V. MASONI.

Volume in-8 (25×16) de 320 pages, avec 207 fig.; 1905 (E. I.). **10 fr.**

BIBLIOTHÈQUE PHOTOGRAPHIQUE

La Bibliothèque photographique se compose de plus de 200 volumes et embrasse l'ensemble de la Photographie considérée au point de vue de la Science, de l'Art et des applications pratiques.

DERNIERS OUVRAGES PARUS :

DICTIONNAIRE DE CHIMIE PHOTOGRAPHIQUE

A l'usage des Professionnels et des Amateurs,

Par G. et A. BRAUN fils.

Un volume grand in-8 (25×16), de 500 pages......................... **12 fr.**

LE DÉVELOPPEMENT EN PLEINE LUMIÈRE

Par A. COUSTET.

In-16 (19×12) de VIII-56 pages ; 1905......................... **1 fr. 50 c.**

LE TÉLÉOBJECTIF ET LA TÉLÉPHOTOGRAPHIE,

Par R. DALLMEYER. Traduction par L.-P. CLERC.

Grand in-8 de XI-110 pages, avec 51 figures et 11 planches, 1904.... **6 fr.**

LA PHOTOGRAPHIE. TRAITÉ THÉORIQUE ET PRATIQUE,

Par A. DAVANNE.

2 beaux volumes grand in-8, avec 234 fig. et 4 planches spécimens ... **32 fr.**
Chaque volume se vend séparément................................. **16 fr.**

LE MUSÉE RÉTROSPECTIF DE LA PHOTOGRAPHIE

A L'EXPOSITION UNIVERSELLE DE 1900,

Par A. DAVANNE, M. BUCQUET et L. VIDAL.

Grand in-8 avec nombreuses figures et 11 planches ; 1903.......... **5 fr.**

PRÉCIS DE PHOTOGRAPHIE GÉNÉRALE

Par Édouard BELIN.

Deux volumes grand in-8 se vendant séparément.

TOME I : *Généralités. Opérations photographiques.* Vol. do VIII-246 pages, avec 96 figures ; 1905..................................... **7 fr.**
TOME II : *Applications scientifiques et industrielles.* Vol. de 233 pages, avec 99 figures et 10 planches ; 1905 .... **7 fr.**

TRAITÉ ENCYCLOPÉDIQUE DE PHOTOGRAPHIE,

Par C. FABRE, Docteur ès Sciences.

4 beaux vol. grand in-8, avec 724 figures et 2 planches ; 1889-1891... 48 fr.
Chaque volume se vend séparément 14 fr.

Des suppléments destinés à exposer les progrès accomplis viennent compléter ce Traité et le maintenir au courant des dernières découvertes.

1er *Supplément* (A). Un beau vol. gr. in-8 de 400 p. avec 176 fig. ; 1892. **14 fr.**
2e *Supplément* (B). Un beau vol. gr. in-8 de 424 p. avec 221 fig ; 1897. **14 fr**
3e *Supplément* (C). Un beau vol. gr. in-8 de 400 pages ; 1903.......... **14 fr.**
Les 7 volumes se vendent ensemble..................... **84 fr.**

LES INDUSTRIES PHOTOGRAPHIQUES,

Par C. FABRE.

In-8 raisin (25 × 16) de 602 pages, avec 183 figures ; 1904............. **18 fr.**

LA PHOTOGRAPHIE A L'ÉCLAIR MAGNÉSIQUE,

Par A. LONDE.

In-8 (25 × 16), avec 23 figures   8 planches ; 1905.................... **4 fr.**

LE PROCÉDÉ A LA GOMME BICHROMATÉE,

Par A. MASKELL et R. DEMACHY.

2e édition. In-16 (19 × 12) de 86 pages ; 1905........................ **2 fr.**

PRÉPARATION DES PLAQUES AU GÉLATINOBROMURE
PAR L'AMATEUR LUI-MÈME,
Par RIS-PAQUOT.

In-16 (19 × 12), avec figures ; 1903................................ **2 fr.**

MANUEL PRATIQUE DE PHOTOGRAPHIE SANS OBJECTIF,

Par L. ROUYER.

In-16 (19 × 12) de VIII-96 pages, avec 19 figures ; 1904.......... **2 fr. 50 c.**

TRAITÉ PRATIQUE DES TIRAGES PHOTOGRAPHIQUES,

Par Ch. SOLLET.

Volume in-16 (19 × 12) de VI-240 pages ; 1902....................... **4 fr.**

LES TIRAGES PHOTOGRAPHIQUES AUX SELS DE FER,

Par E. TRUTAT.

In-16 (19 × 12) de 232 pages ; 1904................................ **1 fr. 25 c.**

TRAITÉ PRATIQUE DE PHOTOCHROMIE,

Par Léon VIDAL.

In-18 jésus avec 95 figures et 14 planches ; 1903................ **7 fr. 50 c.**

(Décembre 1905.)

37990. — Paris, Imp. Gauthier-Villars, 55, quai des Grands-Augustins.

Traité
de Chirurgie
DEUXIÈME ÉDITION

PUBLIÉ SOUS LA DIRECTION DES PROFESSEURS

Simon DUPLAY

Paul RECLUS

PAR MM.

**BERGER, BROCA, PIERRE DELBET, DELENS, DEMOULIN, J.-L. FAURE
FORGUE, GÉRARD-MARCHANT, HARTMANN, HEYDENREICH, JALAGUIER
KIRMISSON, LAGRANGE, LEJARS, MICHAUX, NÉLATON, PEYROT
PONCET, QUÉNU, RICARD, RIEFFEL, SEGOND, TUFFIER, WALTHER**

8 vol. gr. in-8° avec nombreuses figures dans le texte . . . . **150** *fr.*

TOME I. — *1 vol. grand in-8° de 912 pages avec 218 figures* .	**18** *fr.*
TOME II. — *1 vol. grand in-8° de 996 pages avec 361 figures* .	**18** *fr.*
TOME III. — *1 vol. grand in-8° de 940 pages avec 285 figures* .	**18** *fr.*
TOME IV. — *1 vol. grand in-8° de 896 pages avec 354 figures* .	**18** *fr.*
TOME V. — *1 vol. grand in-8° de 948 pages avec 187 figures* .	**20** *fr.*
TOME VI. — *1 vol. grand in-8° de 1127 pages avec 218 figures.*	**20** *fr.*
TOME VII. — *1 fort vol. gr. in-8° de 1272 p., 297 fig. dans le texte.*	**25** *fr.*
TOME VIII. — *1 fort vol. gr. in-8° de 971 p., 163 fig. dans le texte.*	**20** *fr.*

Traité de Gynécologie

Clinique et Opératoire

par Samuel POZZI

Professeur de Clinique Gynécologique à la Faculté de Médecine de Paris
Membre de l'Académie de Médecine, Chirurgien de l'hôpital Broca.

QUATRIÈME ÉDITION ENTIÈREMENT REFONDUE

AVEC LA COLLABORATION DE **F. JAYLE**

Vient de paraître :

TOME I. — *1 vol. gr. in-8° de XVI-765 p. avec 526 figures, relié toile.* **20** fr.

Le Tome II actuellement sous presse sera vendu **15** fr. — A dater de l'apparition du Tome II le Tome premier ne sera plus vendu séparément et le prix de l'ouvrage complet sera porté à **40** fr.

❦ ❦ ❦ ❦ ❦ Précis d'Obstétrique

PAR MM.

A. RIBEMONT-DESSAIGNES	G. LEPAGE
Agrégé de la Faculté de médecine	Professeur agrégé à la Faculté
Accoucheur de l'hôpital Beaujon	de médecine de Paris.
Membre de l'Académie de médecine.	Accoucheur de l'hôpital de la Pitié.

SIXIÈME ÉDITION. Avec 568 fig., dont 400 dessinées par M. RIBEMONT-DESSAIGNES

1 vol. grand in-8° de 1420 pages, relié toile. . . . **30** fr.

Ouvrage complet.

Traité

3 *forts vol. grand in-8° illustrés de* 3750 *figures en noir et en couleurs :* **160 fr.**

d'Anatomie Humaine

PUBLIÉ SOUS LA DIRECTION DE

P. POIRIER
Professeur d'anatomie
à la Faculté de Médecine de Paris
Chirurgien des Hôpitaux.

A. CHARPY
Professeur d'anatomie
à la Faculté de Médecine
de Toulouse.

AVEC LA COLLABORATION DE MM.

O. Amoëdo — A. Branca — A. Cannieu — B. Cunéo — G. Delamare
Paul Delbet — A. Druault — P. Fredet — Glantenay
A. Gosset — M. Guibé — P. Jacques — Th. Jonnesco — E. Laguesse
L. Manouvrier — M. Motais — A. Nicolas — P. Nobécourt
O. Pasteau — M. Picou — A. Prenant — H. Rieffel
Ch. Simon — A. Soulié

TOME PREMIER (*Deuxième édition, entièrement refondue*). — **Embryologie** — **Ostéologie.** — **Arthrologie.** 1 vol. avec 807 figures . . . . **20 fr.**

TOME II (*Deuxième édition, entièrement refondue*). — 1er Fascicule : **Myologie.** 1 vol. avec 331 figures . . . . **12 fr.**

2e Fascicule (*Deuxième édition, entièrement refondue*) : **Angéiologie.** (*Cœur et Artères. Histologie*). 1 vol. avec 150 figures. . . . . **8 fr.**

3e Fascicule (*Deuxième édition, revue*) : **Angéiologie** (*Capillaires, Veines*). 1 vol. avec 75 figures . . . . **6 fr.**

4e Fascicule : **Les Lymphatiques.** 1 vol. avec 117 figures . . **8 fr.**

TOME III (*Deuxième édition, entièrement refondue*). — 1er Fascicule : **Système nerveux** (*Méninges, moelle, encéphale, embryologie, histologie*). 1 vol. avec 265 figures . . . . **10 fr.**

2e Fascicule (*Deuxième édition, entièrement refondue*) : **Système nerveux** (*Encéphale*). 1 vol. avec 131 figures . . . . **10 fr.**

3e Fascicule (*Deuxième édition, entièrement refondue*) : **Système nerveux** (*Les nerfs, nerfs craniens, nerfs rachidiens*). 1 vol. avec 228 figures . . . . **12 fr.**

TOME IV. — 1er Fascicule (*Deuxième édition, entièrement refondue*) : **Tube digestif.** 1 vol. avec 205 figures. . . . . **12 fr.**

2e Fascicule (*Deuxième édition, revue*) : **Appareil respiratoire.** 1 vol. avec 121 figures. . . . . **6 fr.**

3e Fascicule : **Annexes du tube digestif. Péritoine.** (*Deuxième édition revue*). 1 vol. avec 448 figures en noir et en couleurs. **16 fr.**

TOME V. — 1er Fascicule : **Organes génito-urinaires.** 1 vol. avec 431 figures . . . . **20 fr.**

2e Fascicule : **Les Organes des Sens. Glandes surrénales.** 1 vol. avec 554 figures . . . . **20 fr.**

CHARCOT — BOUCHARD — BRISSAUD

Babinski, Ballet, P. Blocq, Boix, Brault, Chantemesse, Chabrin, Chauffard, Courtois-Suffit, Dutil, Gilbert, Guignard, L. Guinon, G. Guinon, Hallion, Lamy, Le Gendre, Marfan, Marie, Mathieu, Netter, Œttinger, André Petit, Richardière, Roger, Ruault, Souques, Thibierge, Thoinot, Tollemer, Fernand Widal.

Traité de Médecine

PUBLIÉ SOUS LA DIRECTION DE MM.

BOUCHARD	BRISSAUD
Professeur à la Faculté de médecine de Paris, Membre de l'Institut.	Professeur à la Faculté de médecine de Paris, Médecin de l'hôpital Saint-Antoine.

DEUXIÈME ÉDITION

10 volumes grand in-8°. . . . . . . **160 fr.**

TOME I. — *1 vol. gr. in-8° de 845 pages, avec figures dans le texte :* **16** *fr.*
TOME II. — *1 vol. gr. in-8° de 894 pages avec figures dans le texte :* **16** *fr.*
TOME III. — *1 vol. gr. in-8° de 702 pages avec figures dans le texte :* **16** *fr.*
TOME IV. — *1 vol. gr. in-8° de 680 pages avec figures dans le texte :* **16** *fr.*
TOME V. — *1 vol. gr. in-8° avec fig. en noir et en coul. dans le texte :* **18** *fr.*
TOME VI. — *1 vol. gr. in-8° de 612 pages avec figures dans le texte :* **14** *fr.*
TOME VII. — *1 vol. gr. in-8° de 550 pages avec figures dans le texte :* **14** *fr.*
TOME VIII. — *1 vol. gr. in-8° de 580 pages avec figures dans le texte :* **14** *fr.*
TOME IX. — *1 volume grand in-8° avec figures dans le texte :* **18** *fr.*
TOME X. — *1 volume grand in-8° avec figures dans le texte :* **18** *fr.*

TABLE ANALYTIQUE DES 10 VOLUMES

PATHOLOGIE GÉNÉRALE EXPÉRIMENTALE

Les Processus Généraux ↓↓↓

PAR

A. CHANTEMESSE	W.-W. PODWYSSOTZKY
Professeur à la Faculté de médecine de Paris. Membre de l'Académie de médecine.	Doyen de la Faculté de médecine d'Odessa, Professeur de Pathologie à la même Faculté.

TOME Ier. — *1 vol. gr. in-8° de 428 pages, avec 162 fig. en noir et en coul., broché,* **22** *fr.*
TOME II. — *1 vol. gr. in-8° de 508 pages, avec 57 fig. en coul. et 37 fig. en noir,* **22** *fr.*

TRAITÉ

DE

Microscopie clinique

PAR

M. DEGUY	**A. GUILLAUMIN**
Ancien interne des Hôpitaux de Paris	Docteur en Pharmacie
Ancien chef de Laboratoire	Ancien interne des Hôpitaux
à l'hôpital des Enfants-Malades.	de Paris.

1 volume grand in-8° de 428 pages, avec 38 figures dans le texte. **93 planches en couleurs.** Relié toile. . . . **50 fr.**

Sang ; Sérosités pathologiques (cytodiagnostic) ; Lait et colostrum ; Matières fécales ; Parasites animaux de l'organisme et leurs œufs ; Teignes cryptogamiques et dermatoses ; Microbes pathogènes ; Crachats ; Conjonctivites ; Flore et maladies de l'appareil génital ; Urines ; Sperme ; Cheveux, poils, fibres et textiles ; Trypanosomes ; Champignons vénéneux.

Les différentes formes cliniques et sociales de la Tuberculose pulmonaire (Pronostic, Diagnostic, Traitement), par **G. DAREMBERG**, Correspondant de l'Académie de médecine. 1 vol. in-8° de 400 pages, broché . . . . **6 fr.**

Guide pratique du Médecin dans les Accidents du Travail et leurs Suites médicales et judiciaires, par MM. **E. FORGUE**, professeur, et **E. JEANBREAU**, professeur agrégé à la Faculté de Montpellier. 1 volume in-8° de 370 pages, broché . . . . . **4 fr. 50**

Traité de l'Alcoolisme, par les docteurs **TRIBOULET**, médecin des hôpitaux ; **MATHIEU**, médecin des Bureaux de Bienfaisance, et **Roger MIGNOT**, médecin des Asiles, avec préface de M. le professeur **JOFFROY**. 1 volume in-8° de 480 pages, broché . . **6 fr.**

Commentaire administratif et technique de la loi du 15 Février 1902, relative à la **Protection de la Santé Publique** par MM. le Dr **A.-J. MARTIN**, Inspecteur général de l'Assainissement, et **Albert BLUZET**, rédacteur principal au Bureau de l'Hygiène. 1 volume in-8° de 480 pages avec une *table alphabétique*, broché, **7 fr. 50** ; cartonné toile . . . . **8 fr. 50**

COLLECTION DE PRÉCIS MÉDICAUX

Cette nouvelle collection s'adresse aux étudiants, pour la préparation aux examens, et à tous les praticiens qui, à côté des grands traités, ont besoin d'ouvrages concis, mais vraiment scientifiques, qui les tiennent au courant. D'un format maniable, ces livres seront abondamment illustrés, ainsi qu'il convient à des livres d'enseignement.

Vient de paraître

Précis de Dissection, par Paul POIRIER, professeur d'Anatomie à la Faculté de médecine de Paris, chirurgien des hôpitaux, membre de l'Académie de médecine, et **Amédée BAUMGARTNER**, Prosecteur à la Faculté de médecine de Paris. 1 vol. petit in-8° de xx-280 pages, avec 169 fig., cartonné toile souple . . . . **6 fr.**

Précis de Chirurgie infantile, par E. KIRMISSON, professeur à la Faculté de médecine de Paris, chirurgien de l'hôpital des Enfants-Malades. 1 vol. petit in-8° de xii-800 pages, avec 462 figures. **12 fr.**

Précis de Médecine légale, par A. LACASSAGNE, professeur de médecine légale à l'Université de Lyon. 1 vol. petit in-8° de xviii-892 pages, avec 112 figures et 2 planches en couleurs . . . . **10 fr.**

Précis de Microbiologie clinique, par Fernand BEZANÇON, agrégé à la Faculté de Paris, médecin des hôpitaux. 1 vol. petit in-8° de xvi-429 pages, avec 82 figures. Cartonné toile. . . **6 fr.**

Précis de Physique biologique, par G. WEISS, agrégé à la Faculté de médecine de Paris, ingénieur des Ponts et Chaussées. 1 vol. petit in-8° de viii-526 pages, avec 543 figures. Cartonné toile. **7 fr.**

Éléments de Physiologie, par Maurice ARTHUS, professeur à l'École de médecine de Marseille. *2e édition, revue et corrigée.* 1 vol. petit in-8° de xvi-764 pages, avec 122 figures. Cartonné toile . . . . **9 fr.**

Traité de Pathologie générale

Publié par Ch. BOUCHARD
Membre de l'Institut, Professeur à la Faculté de Médecine de Paris.

SECRÉTAIRE DE LA RÉDACTION : Prof. **G.-H. ROGER**

6 volumes grand in-8° avec figures dans le texte . . . . . **126 fr.**

Tome I : 18 fr. — Tome II : 18 fr. — Tome III : 28 fr. — Tome IV : 16 fr. — Tome V : 28 fr. — Tome VI : 18 fr.

Clinique Médicale de l'Hôtel-Dieu (Prof. G. DIEULAFOY).
CLINIQUE ET LABORATOIRE. Conférences du Mercredi, par MM. NATTAN-LARRIER et O. CROUZON, chefs de clinique, V. GRIFFON et M. LŒPER, chefs de laboratoire. 1 vol. in-8º de 330 pages, avec 37 figures et 2 planches hors texte. . . . . **6** fr.

Les Maladies infectieuses, par G.-H. ROGER, professeur agrégé, médecin des hôpitaux. 1 vol. in-8º de 1520 pages. **28** fr.

Les Maladies du Cuir chevelu, par le Dr R. SABOURAUD,
chef du laboratoire de la Ville de Paris à l'hôpital Saint-Louis.

    I. **Maladies séborrhéiques : Séborrhée, Acnés, Calvitie.** 1 vol. in-8º, avec 91 fig. dont 40 aquarelles en coul. . **10** fr.

    II. **Maladies desquamatives : Pytiriasis et Alopécies pelliculaires.** 1 vol. in-8º avec 122 figures dans le texte . **22** fr.

Les Maladies microbiennes des Animaux, par Ed. NOCARD, professeur à l'Ecole d'Alfort, membre de l'Académie de médecine, et E. LECLAINCHE, professeur à l'Ecole de Toulouse. *Troisième édition, refondue.* 2 vol. grand in-8º. . . . . . **22** fr.

Traité d'Hygiène, par le Prof. A. PROUST, membre de l'Académie de médecine. *Troisième édition revue et considérablement augmentée*, avec la collaboration de A. NETTER, agrégé, médecin de l'hôpital Trousseau, et H. BOURGES, chef du laboratoire d'hygiène à la Faculté. 1 vol. in-8º de 1240 pages, avec fig. et cartes. **25** fr.

ouveaux Procédés d'Exploration, par CH. ACHARD, professeur à la Faculté de Paris, agrégé. *Deuxième édition.* 1 vol. in-8º avec figures. . . . . **8** fr.

Thérapeutique des Maladies de la Peau, par le Dr LEREDDE, directeur de l'Etablissement Dermatologique de Paris. 1 vol. in-8º, avec figures dans le texte . . . . **10** fr.

Diagnostic et Séméiologie des Maladies Tropicales,
par MM. R. WURTZ, professeur agrégé, chargé de Cours à l'Institut de Médecine coloniale de la Faculté de médecine de Paris, et A. THIROUX, médecin-major de 1re classe des troupes coloniales. 1 vol. grand in-8º, de XII-544 pages avec 97 figures en noir et en couleurs. . . . . **12** fr.

Les Psychonévroses et leur Traitement moral

Par le Dr DUBOIS
Professeur de Neuropathologie à l'Université de Berne.

Deuxième édition. 1 volume in-8°, broché . . . . **8** fr.

Les Écrits et les Dessins
dans les Maladies nerveuses et mentales
Par J. ROGUES DE FURSAC
Ancien chef de clinique à la Faculté de médecine de Paris.

1 vol. in-8°, de x-306 pages avec 232 figures . . . . **12** fr.

L'ANNÉE PSYCHOLOGIQUE ↯ ↯ ↯ ↯ ↯
Publiée par Alfred BINET

10ᵉ année (1904). 1 volume in-8° avec figures dans le texte . . . . . **15** fr
11ᵉ année (1905). 1 volume in-8° avec figures dans le texte . . . . . **15** fr.
12ᵉ année (1906). 1 volume in-8° avec figures dans le texte . . . . . **15** fr.

Bibliothèque d'Hygiène thérapeutique
FONDÉE PAR le Professeur PROUST
*Chaque ouvrage, in-16, cartonné toile, tranches rouges : **4** fr.*

L'Hygiène du Goutteux. — **L'Hygiène de l'Obèse.** — **L'Hygiène des Asthmatiques.** — **Hygiène et thérapeutique thermales.** — **Les Cures thermales.** — **L'Hygiène du Neurasthénique.** — **L'Hygiène des Albuminuriques.** — **L'Hygiène du Tuberculeux.** — **Hygiène et thérapeutique des Maladies de la Bouche.** — **Hygiène des Maladies du Cœur.** — **Hygiène du Diabétique.** — **L'Hygiène du Dyspeptique.** — **Hygiène thérapeutique des Maladies des Fosses nasales.**

L'Alimentation et les Régimes
Chez l'Homme sain et chez les Malades
par ARMAND GAUTIER
Membre de l'Institut et de l'Académie de Médecine,
Professeur à la Faculté de Médecine de Paris.
DEUXIÈME ÉDITION REVUE ET AUGMENTÉE

1 *volume in-8° avec figures, broché* . . . . **10** fr.

Manuel Technique de Massage
Par J. BROUSSES
Membre correspondant de la Société de Chirurgie.

Troisième édition, revue et augmentée. 1 volume in-16 de 407 pages,
avec 66 figures, cart. toile souple. **4** fr. **50**

Vient de paraître :

Cours élémentaire de Zoologie

Par **Rémy PERRIER**

Chargé du cours de Zoologie pour le certificat d'études physiques, chimiques et naturelles (P. C. N.), à la Faculté des Sciences de l'Université de Paris.

Troisième édition, entièrement refondue

1 vol. in-8°, de 864 pages, avec 721 fig. dans le texte. Relié toile : **10 fr.**

Traité de Zoologie ❦ ❦ ❦ ❦ ❦

Par **Edmond PERRIER**

Membre de l'Institut et de l'Académie de médecine,
Directeur du Muséum d'Histoire naturelle.

Fasc. I : **Zoologie générale**. 1 vol. gr. in-8° de 412 p. avec 458 fig. . **12 fr.**
Fasc. II : **Protozoaires et Phytozoaires**. 1 vol. gr. in-8° de 452 p.,
   avec 243 figures . . . . **10 fr.**
Fasc. III : **Arthropodes**. 1 vol. gr. in-8° de 480 p., avec 273 fig. . . . **8 fr.**
Fasc. IV : **Vers et Mollusques**. 1 vol. gr. in-8° de 792 p. avec 566 fig. **6 fr.**
Fasc. V : **Amphioxus. Tuniciers**. 1 vol. gr. in-8° de 221 p. av. 97 fig. **6 fr.**
Fasc. VI : **Poissons**. 1 vol. gr. in-8° de 366 p. avec 190 figures . . . . **10 fr.**
Fasc. VII et dernier : **Vertébrés marcheurs** (*En préparation*).

Guides du Touriste,
du Naturaliste et de l'Archéologue

publiés sous la direction de M. Marcellin BOULE

Le Cantal, par **M. BOULE**, docteur ès sciences, et **L. FARGES**, archiviste-paléographe.

La Lozère, par **E. CORD**, ingénieur-agronome, **G. CORD**, docteur en droit, avec la collaboration de **M. A. VIRÉ**, docteur ès sciences.

Le Puy-de-Dôme et Vichy, par **M. BOULE**, docteur ès sciences, **Ph. GLANGEAUD**, maître de conférences à l'Université de Clermont, **G. ROUCHON**, archiviste du Puy-de-Dôme, **A. VERNIÈRE**, ancien président de l'Académie de Clermont.

La Haute-Savoie, pr **M. LE ROUX**, conserv. du Musée d'Annecy.

La Savoie, par **J. RÉVIL**, président de la Société d'Histoire naturelle de la Savoie, et **J. CORCELLE**, agrégé de l'Université.

Chaque volume in-16, relié toile, avec figures et cartes en coul. : **4 fr. 50**

En préparation : Le Lot — Le Vélay — Les Alpes du Dauphiné.

OUVRAGES DE M. A. DE LAPPARENT
Membre de l'Institut, professeur à l'École libre des Hautes-Études.

Vient de paraître :

❦ ❦ ❦ ❦ ❦ ❦ Traité de Géologie

CINQUIÈME ÉDITION ENTIÈREMENT REFONDUE ET CONSIDÉRABLEMENT AUGMENTÉE
3 vol. gr. in-8º contenant XVI-2016 *pages, avec 883 fig. :* **38** *fr.*

Abrégé de géologie. *Cinquième édition, refondue et augmentée.* 1 vol.
157 gravures et une carte géologique de la France en chromolithographie, cartonné toile . . . . **4 fr.**
La géologie en chemin de fer. Description géologique du Bassin parisien et des régions adjacentes. 1 vol. in-18 de 608 pages, avec 3 cartes chromolithographiées, cartonné toile. . . . . . . **7 fr. 50**
Cours de minéralogie. *Troisième édition, revue et augmentée.* 1 vol. grand in-8º de xx-703 pages avec 619 gravures dans le texte et une planche chromolithographiée. . . . . **15 fr.**
Précis de minéralogie. *Troisième édition, revue et augmentée.* 1 vol. in-16 de XII-398 pages avec 235 gravures dans le texte et une planche chromolithographiée, cartonné toile. . . . . **5 fr.**
Leçons de géographie physique. *Deuxième édition, revue et augmentée.* 1 vol. grand in-8º de XVI-718 pages avec 162 figures dans le texte et une planche en couleurs. . . . . **12 fr.**
Le siècle du Fer. 1 vol. in-18 de 360 pages, broché . . . . . **2 fr. 50**

Petite Bibliothèque de "La Nature"

ecettes et Procédés utiles, recueillis par Gaston TISSANDIER, rédacteur en chef de la *Nature. Dixième édition.*

cettes et Procédés utiles. *Deuxième série :* **La Science pratique,** par Gaston TISSANDIER. *Sixième édition.*

uvelles Recettes utiles et Appareils pratiques. *Troisième érie,* par Gaston TISSANDIER. *Quatrième édition.*

ettes et Procédés utiles. *Quatrième série,* par Gaston TISIER. *Quatrième édition.*

ettes et Procédés utiles. *Cinquième série,* par J. LAFFARGUE, secrétaire de la rédaction de la *Nature. Deuxième édition.*

Chaque volume in-18 avec figures est vendu
Broché . . . . **2 fr. 25** | Cartonné toile . . . . . . **3 fr.**

La Physique sans appareils et la Chimie sans laboratoire, par Gaston TISSANDIER. *Ouvrage couronné par l'Académie (Prix Montyon).* Un volume in-8º avec nombreuses figures dans le texte. Broché, 3 fr. Cartonné toile, 4 fr.

ENCYCLOPÉDIE SCIENTIFIQUE DES AIDE-MÉMOIRE

Derniers ouvrages parus